KB187258

MATH MADE VISUAL

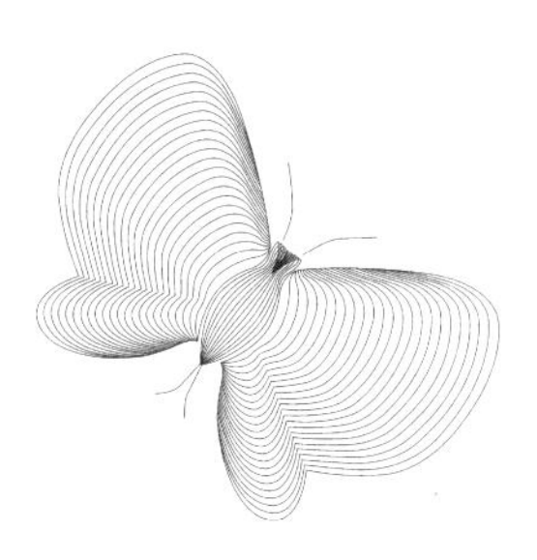

MATH MADE VISUAL : Creating Images for Understanding Mathematics
by Claudi Alsina and Roger B. Nelsen

This translation of *Math Made Visual* is published by arrangement
with the American Mathematical Society

MATH MADE VISUAL

눈으로 보며 이해하는

아름다운 수학

:
Creating
Images
for
Understanding
Mathematics

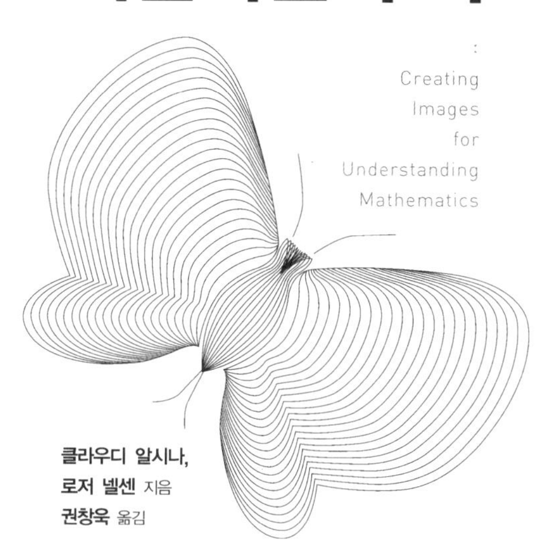

클라우디 알시나,
로저 넬센 지음
권창욱 옮김

청문각®

눈으로 보며 이해하는

아름다운 수학 1 기본편

1판 1쇄 펴냄 | 2019년 3월 1일

지은이 | 클라우디 알시나, 로저 넬센
옮긴이 | 권창욱
펴낸이 | 김한준

펴낸곳 | 청문각®
출판등록 | 2007년 3월 18일 (제 2007-000071호)
공급처 | 엘컴퍼니
주소 | 서울시 강남구 학동로23길 58 우편번호 06041
전화 | (02)549-2376
팩시 | 0504-496-8133
이메일 | hansbook@gmail.com

ISBN | 979-11-85408-19-4 94410
979-11-85408-18-7 (세트)

· 청문각은 엘컴퍼니의 과학기술도서 출판브랜드입니다.

이 책을 오랜 세월 수학을 함께 연구하며 우정을 쌓아온

Berthold Schweizer 교수에게 바칩니다.

지은이 서문

"어떤 정리가 옳은 것인지 한눈에 알아볼 수 있는
아주 단순하면서도 아름다운 그림을 통해
그 정리에 대한 무미건조한 증명을 보강할 수 있다."
-마틴 가드너

"보라!"
-바스카라

수학적인 아이디어나 증명, 주장을 학생들이 이해하는 데 도움을 줄 수 있는 수학적인 그림을 만드는 게 가능할까요? 우리는 이 질문에 대한 답이 "그렇다"고 확신합니다. 이 책을 만든 목적은 시각화하는 여러 방법들이 수학적이면서 교육적인 관심을 불러일으키는 그림을 만드는 데 어떻게 사용되는지 보이려는 것입니다.

수학에서 증명과 관련된 그림은 고대 중국과 아라비아, 그리스, 인도 등지에서부터 이미 시작된 것이지만 소위 '무언증명(proof without words)'이 관심을 불러일으킨 것은 최근 30년 동안의 일입니다. 《*Mathematics Magazine*》과 《*The College Mathematics Journal*》뿐만 아니라 다른 학술지와 책, 인터넷 웹사이트 등에서 이런 무언증명을 수백 가지 찾아볼 수 있습니다. 또한 이런 관심에 힘입어 이 책의 두 번째 저자가 무언증명을 모아놓은 책을 발간하기도 했습니다[Nelsen, 1993, 2000].

이 책의 첫 번째 저자는 여러 해 전부터 무언증명을 만드는 데에 관심을 가지게 되었는데, 최근 들어 이런 그림을 만드는 방법을 어떻게 가르칠지에 대해 체계적인 연구를 시작하게 되었습니다. 그래서 중고등학교와 대학에서 가르치는 사람들을 대상으로 이 주제에 대한 워크숍을 여러 번 준비해서 열게 되었습니다. 이러한 과정에서 두 저자가 의기투합하게 되었고 몇 년 동안 함께 일하던 것을 토대로 이 책을 준비하게 된 것입니다.

'무언증명'을 처음 보게 되는 사람들은 이런 그림이 갑작스러운 발견의 산물이거나 그림을 그린 사람의 아주 뛰어난 재능의 결과라고 생각하기 쉽습니다. 뒤에 이어지는 내용을 통해 수학적 관계를 '증명' 하는 대부분의 그림은 쉽게 이해할 수 있는 방법으로 구성되어 있음을 보게 될 것입니다. 또한 주어진 수학적 아이디어나 관계를 나타내는 그림은 여러 가지가 있을 수 있으므로 가르치는 수준이나 배우는 대상에 따라 적절한 것을 취사선택할 수도 있음을 보게 될 것입니다.

이 책을 펴내는 주목적이 수학을 시각적으로 나타내는 방법을 소개하는 것이기 때문에 아래와 같이 세 부분으로 나누었습니다.

1부: 수학을 그림과 도형으로 표현하기

2부: 눈으로 볼 수 있는 재미있는 수학 실험

3부: 도전문제를 위한 힌트와 풀이

1부는 20개의 장으로 이루어져 있습니다. 각 장에서는 수학적인 아이디어(증명, 개념, 연산, …)를 시각화하는 방법을 다룬 다음 그 구체적인 응용을 자세하게 설명해 놓았습니다. 각 장의 끝에는 그 장을 읽으면서 배운 내용을 실습해 볼 수 있는 도전문제를 실어두었습니다.

2부에서는 수학적 그림에 대해 간략한 역사를 설명한 다음, 시각적인 사고의 발전과 교실에서의 시각화를 위한 실제적인 접근방법, 특히 그 과정에서 사용할 수 있고, 손으로 만질 수 있는 구체물의 역할을 보편적인 교육적 관점에서 다뤘습니다.

마지막으로 3부에서는 1부에 있는 모든 도전문제에 대한 힌트나 해답을 담았습니다. 책의 끝에는 참고문헌의 목록 및 이 책에서 다룬 모든 주제의 색인을 붙여두었습니다. 교사들이 특정한 구체적인 그림을 찾거나 주어진 주제(예컨대, 삼각형, 삼각함수, 이차곡면, …)를 나타낼 수 있는 그림을 준비하고자 할 때 도움이 되길 바랍니다.

이 책을 읽는 독자들은 아마도 우리가 테크놀로지를 이용하는 내용은 다루지 않고 있다는 것을 눈치챌 것입니다. 이 책에서 다룬 대다수의 그림들은 테크놀로지의 사용과 무관하며 그렇기 때문에 원하는 그림을 다양한 방법—칠판과 분필, 손으로 그린 OHP용지, 컴퓨터 프로그램—으로 만들어서 볼 수 있을 것입니다. 우리의 관심은 그림을 표현하는 다양한 방법이 아니라 그림을 만드는 데에 있기 때문입니다.

수학을 나타내는 적절한 그림을 만드는 일은 언제나 어렵습니다. 이 책의 내용을 통해 독자들이 새로운 아이디어를 얻게 되고 수학적, 교육적 창의력에 눈을 뜨게 되기를 바랍니다. 우리는 이런 그림들을 만들어가면서 황홀함을 경험했습니다. 독자들도 이런 황홀함을 조금이라도 경험할 수 있게 되기를 또한 바랍니다.

이 책의 최종 본을 준비하는 데 큰 공헌을 한 로사 나바로와 몇몇 그림을 그리는 데에 도움을 준 아마데우 몬레알레와 Jerónimo Buxareu에게 특히 감사를 드립니다. 이 책의 초고를 읽고 도움이 되는 많은 조언을 해준 Classroom Resource Material 편집 위원회의 자벤 카리안과 위원들에게도 감사의 말씀을 전합니다. 노련한 솜씨로 이 책의 출판을 도와준 MAA의 출판부 Elaine Pedreira의 버벌리 루에디, 돈 알베르스에게도 감사를 드립니다. 마지막으로 이 책의 아이디어와 방법을 기꺼이 살펴보았을 뿐만 아니라 이 책을 출간하도록 격려해준 아르헨티나와 스페인, 미국의 여러 선생님들께 진심으로 감사드립니다.

클라우디 알시나
카탈로니아 기술대학
스페인 바르셀로나

로저 넬센
루이스 앤 클라크 대학
미국 오레건주 포클랜드

옮긴이 서문

제가 살면서 가장 많이 받은 질문 중에 하나가 아마도 "수학이 재미있냐?" 일 것입니다. 질문의 형식으로만 따지자면 간단히 예/아니오로 답하면 되는 것인데, 이런 질문은 대부분 수학에서 도통 재미를 느껴보지 못했던 사람들이 하는 것인지라 간단히 답만 하고 끝낼 수 없는 경우가 많습니다. 사실 이 질문은 "난 재미없는데 넌 왜 재미있냐?" 를 묻는 셈이기 때문입니다. 비단 수학만의 이야기는 아닐 것입니다. 바둑이 재미없는 사람들은 바둑에 심취한 사람에게 바둑의 재미에 대해, 발레를 전혀 이해할 수 없는 사람들은 발레에 심취한 사람에게 발레의 재미에 대해 물을 수도 있을 것입니다. 그리고 아마 그런 질문에 대해 (예, 아니오가 아닌) 가장 손쉬운 대답은 "네가 잘 몰라서거나 이만큼 해 보지 않아서 그렇다" 일 것입니다.

그렇다면 수학이 재미있냐는 질문은요? 많은 사람들이 '수학' 이라는 말을 듣자마자 고개를 설레설레 저을지도 모릅니다. 잘 이해할 수 없었지만 문제를 풀기 위해 열심히 외워야 했던 수많은 공식들, 그럼에도 불구하고 만족할 만한 성적을 얻지 못했던 학창시절의 기억을 떠올리면서 말이지요. 이런 사람들에게 잘 몰라서, 이만큼 해 보지 않아서 수학의 재미를 모른다고 답하기는 어렵겠지요. 그래도, 수학은 재미있다고 여기는 저로서는 이런 질문을 받을 때마다 뭔가 더 나은 답을 찾아야 한다는 생각이 간절했습니다. 그러던 중 이 책을 알게 되었고, 수학이 재미있는 것이냐에 대한 좀더 나은 답을 하나 찾게 되었습니다. "보는 수학을 경험하지 않아서 그럴지도 몰라"라고 말이죠. 저자는 머리말에서 이 책을 보고 읽는 사람들이 자신들과 같은 황홀한 경험을 하게 되길 바란다고 밝히고 있습니다. 수학에서 황홀한 경험이라니! 비록 수학에 심취한 사람의 말입니다만, 수학에서도 그런 게 가능할는지 조금은 궁금하지 않으신지요?

저자의 바람과 같은 마음으로 이 책을 옮기게 되었습니다. 우리나라에서 수학을 배우거나 가르치는 사람들뿐만 아니라 수학에 대해 좋지 않은 경험만 있던 사람들까지도, 이렇게 그림으로 살펴보는 수학을 통해—제 서투른 글 솜씨에 방해받지 않고—수학의 재미를 조금이라도 경험하게 되길 간절히 바랍니다.

2019년 1월

옮긴이 권창욱

◆ 차례 ◆

MATH MADE VISUAL
CREATING IMAGES FOR UNDERSTANDING MATHEMATICS

PART I

수학을 그림과 도형으로 표현하기

CHAPTER 01

그래픽 요소로 숫자를 나타내기

자연수(1, 2, 3, ⋯)를 다루는 많은 문제에서 주어진 숫자를 일련의 도형으로 나타내다 보면 통찰력을 얻게 될 수 있습니다. 어떤 도형을 이용할 것인지는 크게 중요하지 않기 때문에 이 책에서는 보통 작은 동그라미나 정사각형, 구(球), 정육면체 등과 같은 쉽게 그릴 수 있는 것들을 이용하려고 합니다.

자연수와 관련이 있는 어떤 명제, 예를 들어 "처음 n개 홀수의 합은 n^2이다" 같은 명제를 증명해야 할 때 일반적으로 사용하는 방법은 수학적 귀납법입니다. 그런데, 그런 해석적이거나 대수적인 방법은 왜 그 명제가 참인지를 보여주기 힘듭니다. 숫자들 사이의 관계를 일련의 도형들 사이의 관계로 나타내어 눈으로 볼 수 있는 기하학적인 방법이 있다면 주어진 명제를 이해하는 데 도움이 될 수 있을 것입니다.

우리는 이 장에서 자연수를 일련의 도형으로 나타낼 때 관련되는 두 가지 간단한 셈의 원칙을 사용하려고 합니다. 그 원칙은

1. 한 집합의 원소를 두 가지 다른 방법으로 세어도 그 결과는 같다.

2. 두 집합 사이에 일대일 대응관계가 있으면 그 두 집합의 원소의 개수는 같다.

첫 번째 원칙은 다변수 미적분학에서 중적분을 다룰 때 적분의 순서를 바꿔서 계산할 수 있다는 푸비니의 정리를 따서 푸비니 원리[Stein, 1979]라고 불립니다. 두 번째 원칙은 게오르그 칸토르(1845~1918)가 무한집합의 가부번(可附番)에 관한 논의에서 광범위하게 사용한 것이기에 칸토르 원리라고 부르기로 하겠습니다. 이제 이 두 가지 원리를 그림을 통해 나타내 보도록 하겠습니다. (주: 사실 이 두 가지 원리는 서로 같습니다.)

1.1 홀수의 합

앞서 언급한 홀수의 합에 대한 명제 $1 + 3 + 5 + \cdots + (2n - 1) = n^2$을 살펴보겠습니다. 우리는 그림 1.1에 배열되어 있는 동그라미들을 두 가지 방법으로 셀 수 있는데, 행의 개수와 열의 개수를 곱해서 구할 수도 있고($n \times n$), 또는 "L" 모양으로 정돈되어 있는 동그라미들을 다 더해서 구할 수도 있습니다.

$$(1 + 3 + 5 + \cdots + (2n - 1))$$

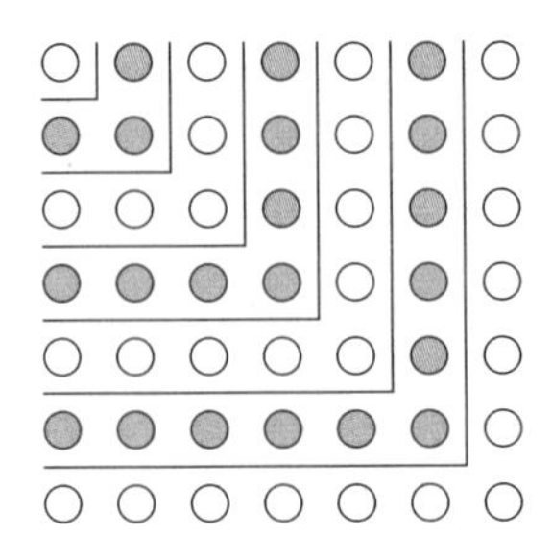

그림 1.1

푸비니 원리에 의해서 이 둘은 같은 값을 가지게 되므로 명제가 증명됩니다.

물론 이 그림은 $n = 7$인 경우만 다루고 있지만 위에서 설명한 규칙은 모든 자연수 n에 대해서 분명히 성립하는 것입니다.

그림 1.2는 두 무더기의 동그라미인데, 오른쪽 그림은 왼쪽에 있는 동그라미들을 다르게 배열한 것입니다. 이 두 그림에 있는 동그라미들이 같은 색깔끼리 서로 일대일 대응이라는 것은 한눈에 알 수 있습니다. 왼쪽 그림에서 행에 있는 동그라미의 개수를 세어나가면 모두

$$1 + 3 + 5 + \cdots + (2n - 1)$$

개가 되고, 오른쪽 그림의 동그라미 개수는 모두 n^2이므로 칸토르 원리에 의해서도 이 명제가 증명됩니다.

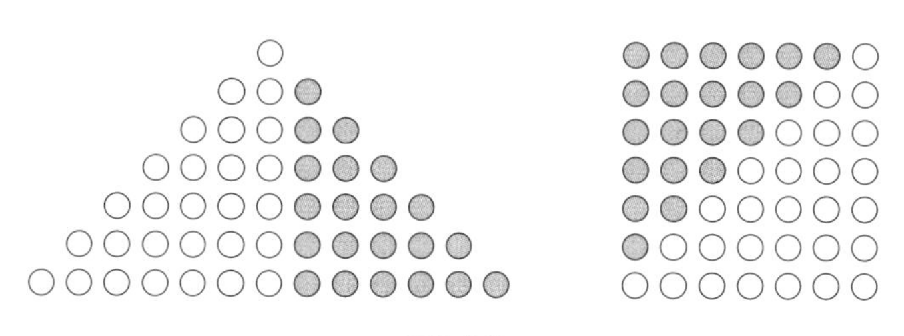

그림 1.2

1.2 자연수의 합

위에서 언급한 두 가지 원리를 처음 자연수 n개의 합에 대한 공식, $1 + 2 + \cdots + n = \frac{n(n + 1)}{2}$을 밝히는 데에도 적용할 수 있습니다. 그림 1.1의 왼쪽에 n개의 동그라미 한 줄을 추가하면 그림 1.3과 같이 됩니다. "L" 모양으로 정돈되어 있는

동그라미들을 세어나가면 $2 + 4 + \cdots + 2n$이 되고, 행의 개수에 열의 개수를 곱하면 $n(n + 1)$이 되므로 (양쪽을 2로 나누면) 푸비니 원리에 의해서 위의 공식을 얻게 됩니다.

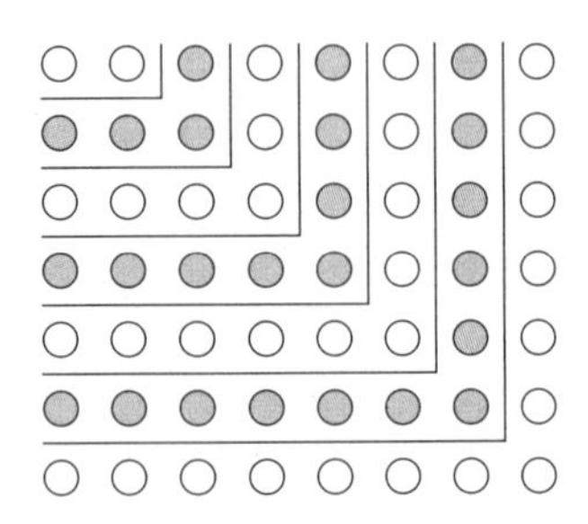

그림 1.3

그림 1.4에서처럼 $1 + 2 + \cdots + n$개의 동그라미들을 두 가지 방법으로 배열해서 이 공식을 유도해낼 수도 있습니다. 왼쪽에 배열된 동그라미들은 모두 $2(1 + 2 + \cdots + n)$개이고 오른쪽에 배열된 동그라미들은 모두 $n^2 + n$개가 됩니다. (역시 양쪽을 2로 나누고 나서) 칸토르 원리에 의해서 위의 공식을 얻게 됩니다[Farlow, 1995].

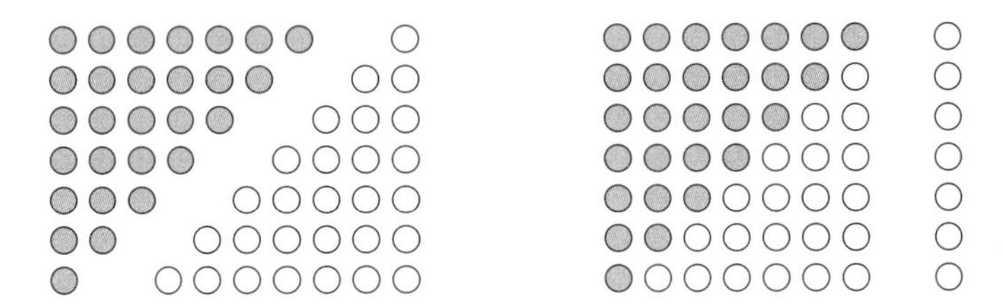

그림 1.4

덧붙여, 그림 1.4에서 왼쪽에 삼각형 모양으로 배열된

$$1 + 2 + 3 + \cdots + n$$

개의 동그라미들은 왜 처음 자연수 n개의 합

$$1 + 2 + 3 + \cdots + n = \frac{n(n+1)}{2}$$

이 종종 n번째 삼각수(T_n으로 나타냅니다)라고 불리는지를 보여줍니다.

1.3 제곱수의 교대합

소위 도형수(*figurate number*)의 보기로 제곱수나 삼각수를 들 수 있는데, 이들은 일련의 도형을 잘 배열해서 정사각형이나 삼각형 같은 기하학적인 모양으로 표현될 수 있기 때문입니다. 도형수 사이에는 아름다운 관계들이 많이 있는데 그 중 하나를 소개해 보겠습니다. 다음과 같은 제곱수의 교대합을 생각해 봅시다.

$$\begin{aligned} 1^2 - 2^2 &= -3 = -(1+2); \\ 1^2 - 2^2 + 3^2 &= +6 = +(1+2+3); \\ 1^2 - 2^2 + 3^2 - 4^2 &= -10 = -(1+2+3+4); \\ &\cdots \end{aligned}$$

위의 합은 모두 삼각수가 될 뿐더러 다음과 같은 일반적인 관계를 유추해 볼 수 있게 해줍니다.

$$1^2 - 2^2 + 3^2 - \cdots + (-1)^{n+1} n^2 = (-1)^{n+1} T_n$$

이 식은 그림 1.5처럼 계산과정에서 없어지는 동그라미들에 음영을 넣어 구분하여 나타내 볼 수 있습니다[Logothetti, 1987].

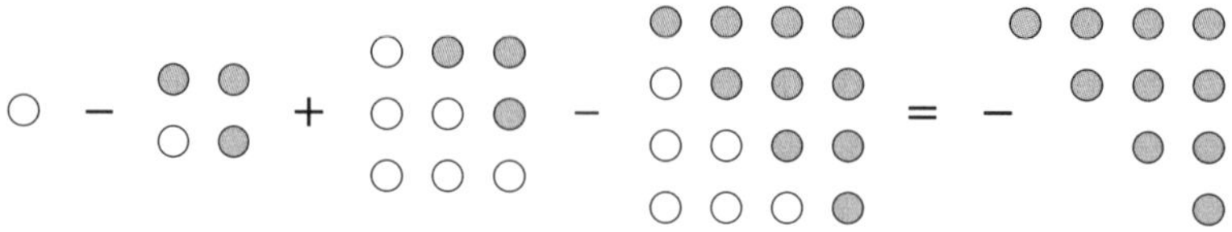

그림 1.5

| 도 | 전 | 문 | 제 |

1.1 n번째 삼각수 $T_n = 1 + 2 + \cdots + n$에 대해서 다음을 증명해 봅시다.

a. $T_{n-1} + T_n = n^2$
b. $8T_n + 1 = (2n + 1)^2$
c. $T_{2n} = 3T_n + T_{n-1}$
d. $T_{2n+1} = 3T_n + T_{n+1}$
e. $T_{3n+1} - T_n = (2n + 1)^2$
f. $T_{n-1} + 6T_n + T_{n+1} = (2n + 1)^2$

1.2 아래 주어진 "오름차-내림차" 합에 대한 규칙을 찾아보고 동그라미들을 이용해서 그림으로 나타내어 봅시다.

a.

$$1 + 2 + 1 = 2^2,$$
$$1 + 2 + 3 + 2 + 1 = 3^2,$$
$$1 + 2 + 3 + 4 + 3 + 2 + 1 = 4^2,$$
$$\cdots$$

b.

$$1 + 3 + 1 = 1^2 + 2^2,$$
$$1 + 3 + 5 + 3 + 1 = 2^2 + 3^2,$$
$$1 + 3 + 5 + 7 + 5 + 3 + 1 = 3^2 + 4^2,$$
$$\cdots$$

1.3 연속한 9의 거듭제곱의 합은 삼각수임을 증명해 봅시다.

$$1 + 9 = 10 = T_4,$$
$$1 + 9 + 81 = 91 = T_{13},$$
$$1 + 9 + 81 + 729 = 820 = T_{40},$$
$$\cdots$$

CHAPTER 02

선분의 길이로 숫자를 나타내기

양수 a를 나타내는 아주 자연스러운 방법은 길이가 a인 선분을 만드는 것입니다. 이렇게 함으로써 양수들 사이의 다양한 관계가 선분 길이의 다양한 관계를 이용한 그림으로 표현될 수 있을 것입니다.

길이가 각각 양수 a, b로 주어진 두 선분과 단위길이의 선분을 가지고 그림 2.1에서처럼 몇 가지 기본적인 내용을 그림으로 나타내어 볼 수 있습니다.

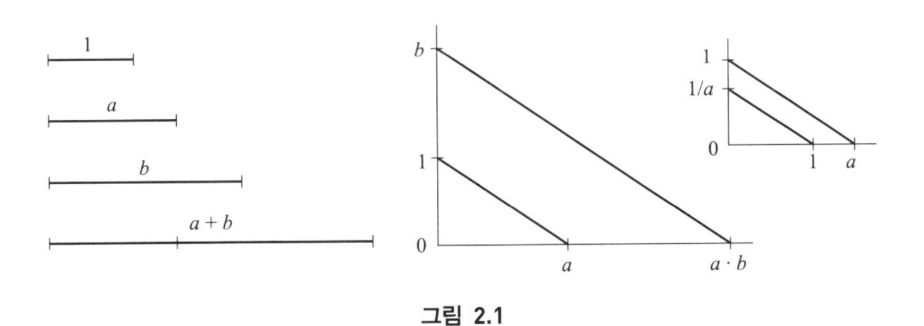

그림 2.1

2.1 평균들 사이의 부등식

두 수 a, b의 "평균"을 내는 가장 잘 알려져 있는 방법은 항상 a와 b 사이에 놓이게 되는 **산술평균** $\frac{a+b}{2}$입니다. 그런데 이것 말고도 다른 종류의 평균이 있습니다. 두 양수 a, b의 기하평균은 $\sqrt{ab}$ 인데, 이것도 두 수 사이에 놓이게 됩니다. 예를 들어 심리학의 베버－페히너(Weber-Fechner)의 법칙에 따르면 인지는 자극의 로그 값에 비례한다고 합니다. 따라서 인지된 두 자극의 기하평균값은 각각 인지된 값의 평균이 됩니다.

산술평균과 기하평균은 어떻게 비교할 수 있을까요? 우리는 그림 2.2에서 $0 < a < b$인 경우, $a < \sqrt{ab} < \frac{a+b}{2} < b$가 됨을 보이려고 합니다. 우선 (i) 반원에 내접하는 삼각형은 직각삼각형이고 (ii) 빗변에 내린 수선이 직각삼각형을 두 개의 작은 닮은꼴 직각삼각형으로 나누고 (iii) 닮은꼴 삼각형에서 대응되는 변의 비율이 같습니다. 따라서 $\frac{a}{h} = \frac{h}{b}$ 이므로 $h = \sqrt{ab}$가 됩니다. 그리고 그림에서 반원의 밑변인 지름에 내릴 수 있는 수선 중에서 가장 긴 것은 당연히 반지름이 되니[그림 2.2(b) 참조] 부등식이 성립하게 됩니다[Gallant, 1977].

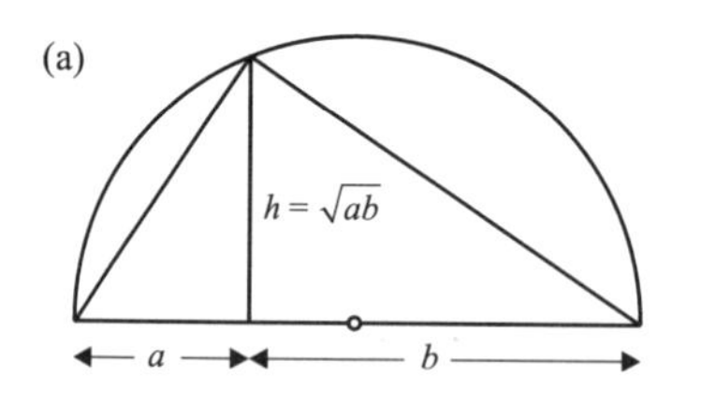

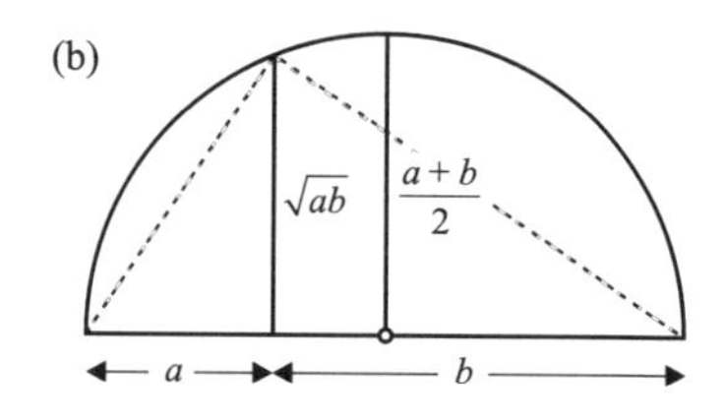

그림 2.2

또 다른 형태의 평균으로는 두 양수 a, b에 대해서 $\frac{2ab}{a+b}$의 값을 가지며 역시 a와 b 사이에 놓이는 값을 가지는 **조화평균**이 있습니다. 예를 들어 어떤 사람이 D km를 a km/h의 속력으로 차를 몰고 갔다가 b km/h의 속력으로 되돌아왔다고 하면 평균속력은 $\frac{2ab}{a+b}$ km/h가 됩니다. 알렉산드리아에 살았던 파푸스(320년경)가 그림 2.3에서 보인 대로 $0 < a < b$일 때 조화평균은 산술평균과 기하평균보다 작습니다 [Cusmariu, 1981]. 여기서도 닮은 삼각형의 변의 길이를 비교해서 부등식을 구할 수 있습니다.

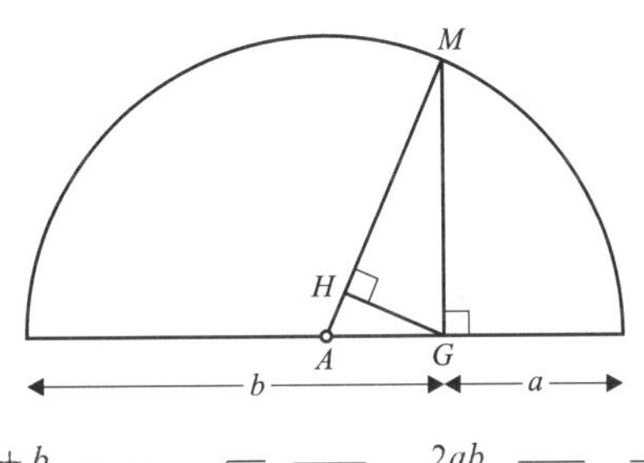

$$\overline{AM} = \frac{a+b}{2},\ \overline{GM} = \sqrt{ab},\ \overline{HM} = \frac{2ab}{a+b}, \overline{AM} \geq \overline{GM} \geq \overline{HM}.$$

그림 2.3

마지막으로 살펴볼 평균은 두 양수 a, b에 대해서 $\sqrt{\frac{a^2+b^2}{2}}$의 값을 가지는 **제곱평균 제곱근**입니다. 예를 들어 한 변의 길이가 각각 a, b인 정사각형에서 그 정사각형의 넓이인 a^2, b^2의 산술평균과 같은 넓이를 가지는 정사각형의 한 변이 a와 b의 제곱평균 제곱근이 됩니다. 제곱평균 제곱근은 앞에서 설명한 세 가지 평균보다 더 큰데, 그림 2.4에서처럼 닮은 삼각형 변의 길이를 비교하고 피타고라스의 정리를 이용하면

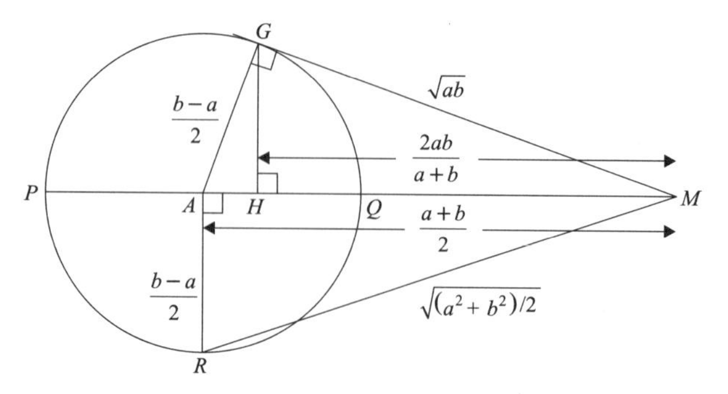

$0 < a < b, \overline{QM} = a, \overline{PM} = b, \overline{HM} < \overline{GM} < \overline{AM} < \overline{RM}.$

그림 2.4

$$0 < a < b\text{이면 } a < \frac{2ab}{a+b} < \sqrt{ab} < \frac{a+b}{2} < \sqrt{\frac{a^2+b^2}{2}} < b$$

를 얻게 됩니다.

2.2 중분수의 성질

양수 a, b, c, d에 대해서 $\frac{a}{b} < \frac{c}{d}$일 때, 분자끼리 분모끼리 더해서 얻어진 분수 $\frac{a+c}{b+d}$를 분수 $\frac{a}{b}$와 $\frac{c}{d}$의 중분수(*mediant*)라고 부릅니다. 이 값은 항상 $\frac{a}{b}$와 $\frac{c}{d}$ 사이에 있습니다. 즉,

$$\frac{a}{b} < \frac{c}{d}\text{이면 } \frac{a}{b} < \frac{a+c}{b+d} < \frac{c}{d}\text{가 됩니다.}$$

이것은 그림 2.5처럼 a, b, c, d를 선분으로 나타내고 각각의 분수를 기울기로 나타내어 보일 수 있습니다[Gibbs, 1990].

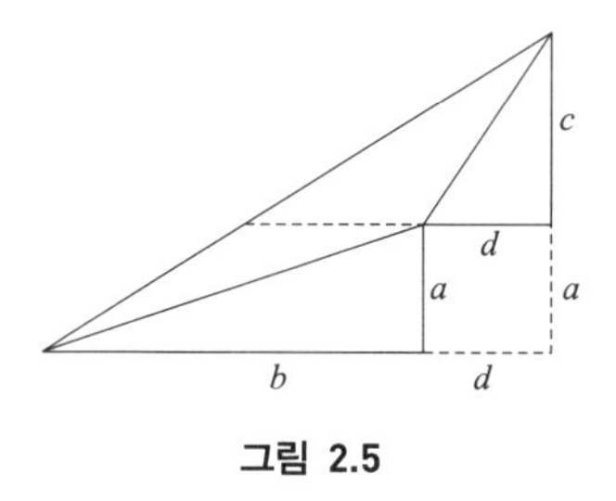

그림 2.5

2.3 피타고라스의 부등식

양수 a, b에 대해서

$$\sqrt{a^2+b^2} < a+b \le \sqrt{2}\cdot\sqrt{a^2+b^2}$$

이라는 간단한 부등식에 대한 그림 증명을 소개하려고 합니다. 그림 2.6(a)를 보면 두 변의 길이가 a, b인 직각삼각형의 빗변의 길이 $c = \sqrt{a^2+b^2}$이 됩니다. 삼각형이 성립하려면 $c < a + b$이니까 부등식의 첫 번째 부분이 증명됩니다. 또, 그림에서 정사각형의 한 변의 길이인 $a + b$는 한 변의 길이가 c인 정사각형의 대각선인 $c\sqrt{2}$보다 작거나 같으니 두 번째 부분이 증명됩니다. 그림 2.6(b)는 $a = b$일 때 $a + b = c\sqrt{2}$가 성립함을 보여줍니다.

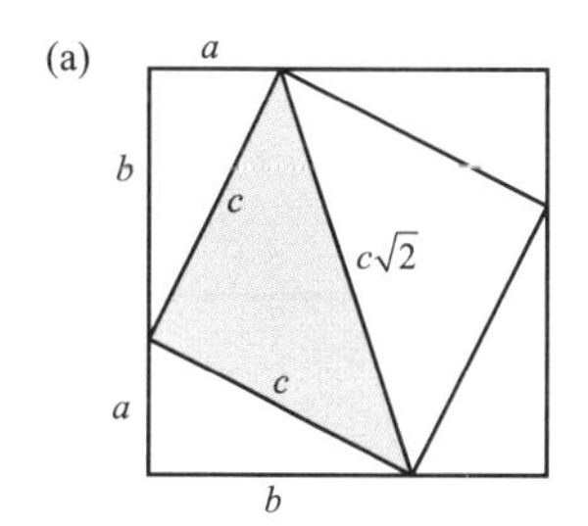

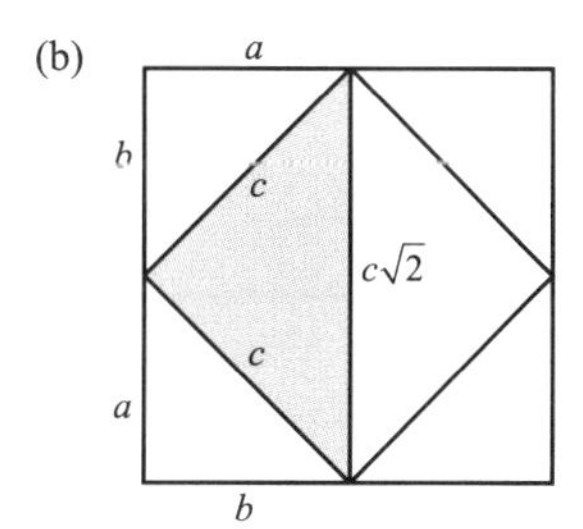

그림 2.6

2.4 삼각함수

예각 θ에 대한 여섯 개의 삼각함수를 세 삼각형의 변의 길이를 이용해서 그림 2.7처럼 나타낼 수 있습니다[Romaine, 1988].

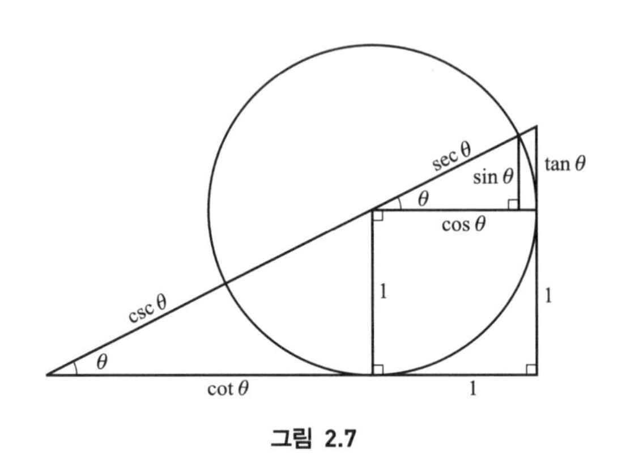

그림 2.7

또한, 그림 2.7을 통해

$$(\tan\theta + 1)^2 + (\cot\theta + 1)^2 = (\sec\theta + \csc\theta)^2$$

공식을 보일 수 있습니다.

삼각함수의 다양한 기본 공식을 삼각형의 변과 적당한 각도를 이용해서 비슷하게 보일 수 있습니다. 그림 2.8은 예각에서의 사인, 코사인, 탄젠트 함수의 합의 공식을 보여줍니다.

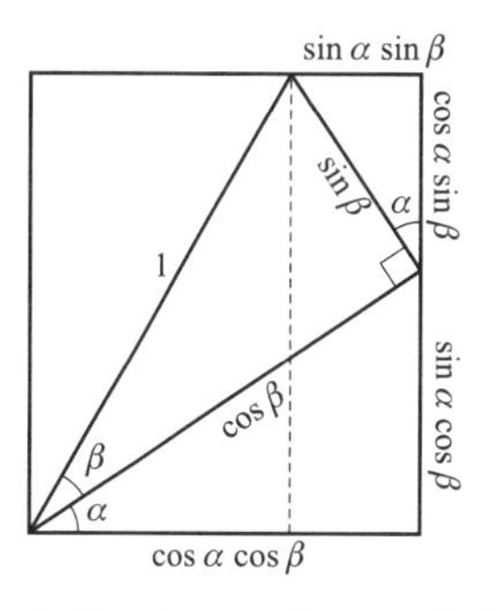

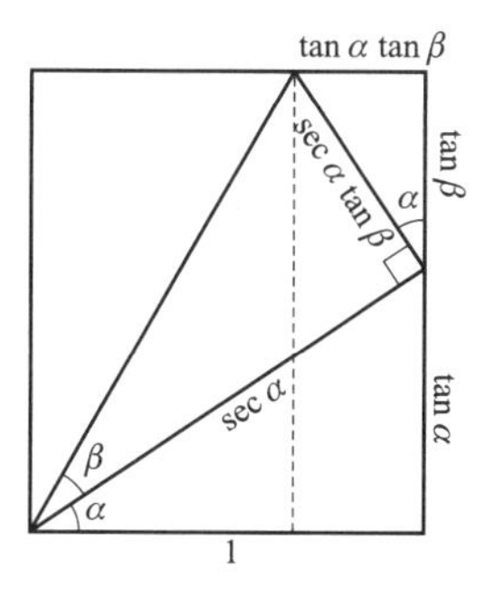

$$\sin(\alpha+\beta)=\sin\alpha\cos\beta+\cos\alpha\sin\beta$$
$$\cos(\alpha+\beta)=\cos\alpha\cos\beta-\sin\alpha\sin\beta$$

$$\tan(\alpha+\beta)=\frac{\tan\alpha+\tan\beta}{1-\tan\alpha\tan\beta}$$

그림 2.8

2.5 함숫값으로 숫자를 비교하기

음이 아닌 함수 $y = f(x)$에서 점 $(a, 0)$와 $(a, f(a))$를 잇는 선분의 길이는 $f(a)$와 같습니다. 이를 이용해서 그림으로 $e \le a < b$이면 $a^b > b^a$임을 보일 수 있습니다. 그림 2.9를 보면, 직선 L_a의 기울기 $\dfrac{\ln a}{a}$는 직선 L_b의 기울기 $\dfrac{\ln b}{b}$보다 크기 때문에 위의 식이 증명됩니다.

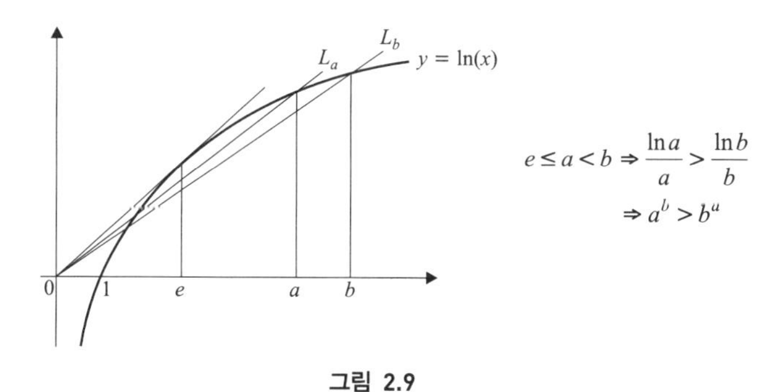

그림 2.9

특히, $a = e$이고 $b = \pi$이면, $e^\pi > \pi^e$가 됩니다.

| 도 | 전 | 문 | 제 |

2.1 그림 2.10을 이용해서 탄젠트 함수의 반각공식을 증명해 봅시다.

$$\tan\frac{\theta}{2} = \frac{\sin\theta}{1+\cos\theta} = \frac{1-\cos\theta}{\sin\theta}$$

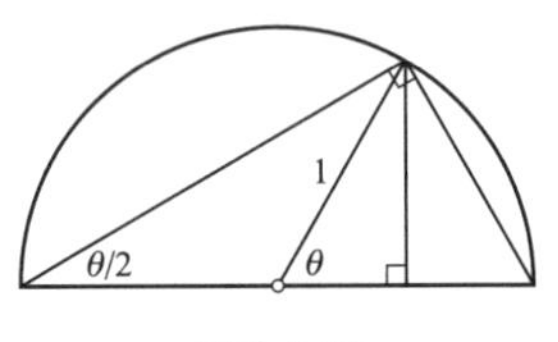

그림 2.10

2.2 그림 2.7과 비슷한 그림을 만들어서 사인, 코사인, 탄젠트 함수의 차의 공식을 증명해 봅시다.

2.3 α, β, γ가 $\alpha+\beta+\gamma = \dfrac{\pi}{2}$를 만족시키는 양의 각일 때,

$$\tan\alpha\tan\beta + \tan\beta\tan\gamma + \tan\gamma\tan\alpha = 1$$

이 성립함을 나타내 봅시다. [힌트: 그림 2.7을 이용해도 됩니다.]

2.4 $0 \le \theta \le \dfrac{\pi}{2}$에서 $1 - \dfrac{\theta^2}{2} \le \cos\theta$임을 증명해 봅시다.

2.5 베르누이 부등식($x \ge -1$이고 $a > 1$이면 $(1+x)^a \ge 1+ax$가 성립한다)를 증명해 봅시다.

CHAPTER 03

평면 도형의 넓이로 숫자를 나타내기

숫자(양수)를 나타내는 또 하나의 자연스러운 방법은 평면 도형의 넓이를 이용하는 것입니다. 정사각형이나 직사각형처럼 간단한 도형일 수도 있고, 함수의 그래프로 둘러싸인 부분의 넓이를 나타내기 위해 미적분을 이용할 수도 있습니다. 이를 통해 숫자를 세는 문제는 넓이를 계산하는 문제로 볼 수 있으며, 두 숫자 사이의 부등식은 한 넓이가 다른 넓이보다 크거나 작다는 것을 보임으로써 해결할 수 있습니다.

3.1 다시 보는 정수의 합

우리는 1장에서 n번째 삼각수 $T_n = 1 + 2 + \cdots + n$을 그림으로 나타내는 몇 가지 방법을 살펴보았습니다. 넓이가 1인 정사각형이 숫자 1을 나타내고, 이런 정사각형 두 개가 숫자 2를 나타내는 식이 된다고 가정한다면, 그림 3.1(a)는 T_n

을 나타내게 됩니다. 이 넓이를 계산하기 위해 그림 3.1(b)처럼 각 행에서 제일 오른쪽에 있는 정사각형에 대각선을 긋고 색칠되지 않은 큰 삼각형의 넓이와 색칠된 n개의 작은 삼각형의 넓이를 각각 구하도록 합니다[Richards, 1984].

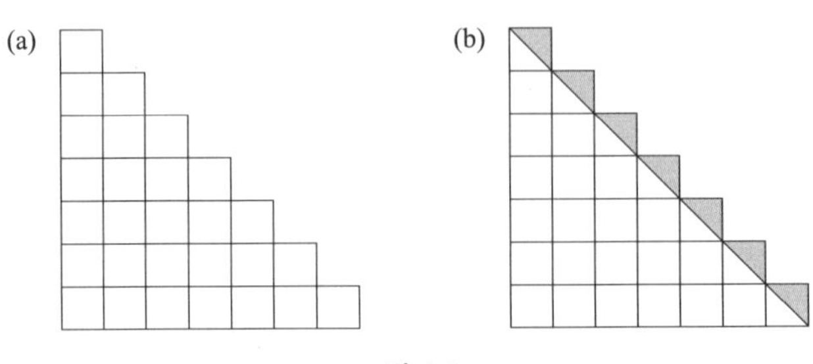

그림 3.1

그러면

$$T_n = 1 + 2 + \cdots + n = \frac{1}{2}n^2 + n \cdot \frac{1}{2} = \frac{n(n+1)}{2}$$이 됩니다.

T_n을 계산하는 또 다른 방법은 그림 3.1(a)를 두 개 그려서 합친 뒤 전체 넓이를 계산하는 것입니다. 그러면 $2T_n = n(n+1)$이 되니까 $T_n = \dfrac{n(n+1)}{2}$이 됩니다(그림 3.2 참조).

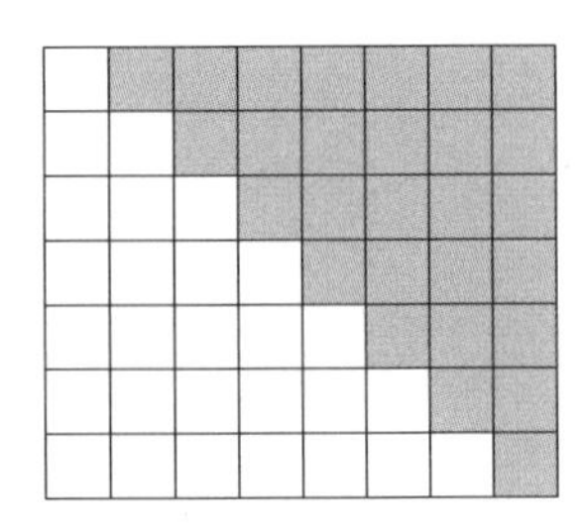

그림 3.2

3.2 등차수열의 합

$1 + 2 + \cdots + n$은 한 등차수열의 처음 n개의 합이기 때문에 위에서 보인 내용을 이용해서 첫 항이 a이고 공차가 d인 일반적인 등차수열의 합

$$S = a + (a + d) + (a + 2d) + \cdots + [a + (n - 1)d]$$

를 보일 수 있을 것입니다. 그림 3.2를 일반화해서 아래 그림처럼 소위 "오르간 파이프" 식 배열을 통해 등차수열의 합을 보일 수 있습니다 [Conway and Guy, 1996].

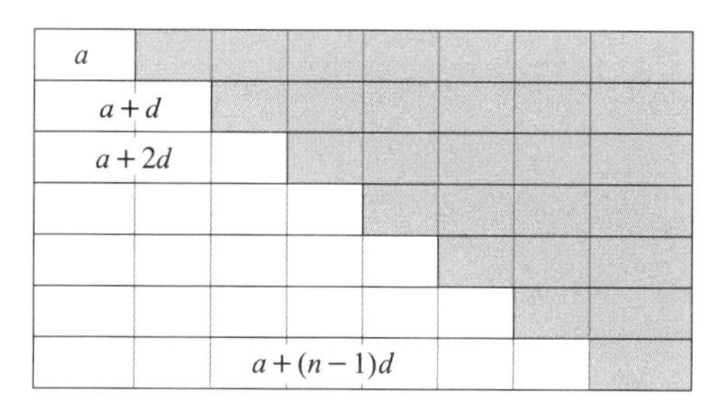

그림 3.3

여기서 $2S = n[a + a + (n - 1)d]$이니까, $S = \frac{n}{2}[2a + (n - 1)d]$가 됩니다. 퀴즈네르 막대를 접해본 사람이라면 위의 그림이 낯익을 것입니다. 다음 장에서는 공차가 두 개인 이차 등차수열의 합을 일반화하는 방법을 보일 것입니다.

3.3 피보나치 수

레오나르도 피보나치(1175~1250)는 자신의 이름으로 불리는 피보나치 수열로 가장 잘 알려져 있는 사람입니다. 그가 1202년에 지은 《계산책(*Liber abaci*)》에 보면 다음과 같은 문제가 등장합니다. "한 쌍의 토끼는 태어나서 두 번째 달부터 매달 한 쌍씩 새끼를 낳는다. 처음에 한 쌍의 토끼만 있었다면 일 년 뒤 모두 몇 쌍의 토끼가 되는가?" 매달 토끼가 몇 쌍인지를 세어보면 1, 1, 2, 3, 5, 8, 13, ⋯이 되는데, 처음 두 항을 제외한 나머지 항은 직전 두 항의 합이 됩니다. F_n을 n번째 피보나치 수라고 하면 $F_1 = F_2 = 1$이고, $n \geq 3$인 경우, $F_n = F_{n-1} + F_{n-2}$가 됩니다.

피보나치 수와 관련된 아름다운 몇 가지 등식 중에는 제곱의 합과 곱의 합을 다룬 것이 있습니다. $F_1^2 + F_2^2 + \cdots + F_n^2 = F_n F_{n+1}$이 그 중 한 가지인데, $n = 6$인 경우를 예로 들어 그림 3.4처럼 보일 수 있습니다[Broussseau, 1972].

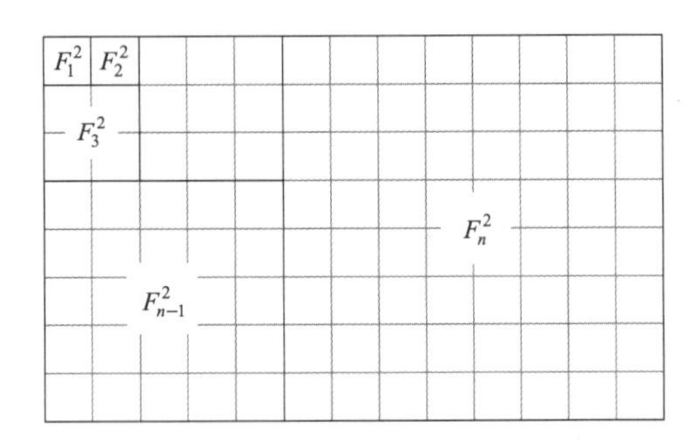

그림 3.4

또 다른 등식들도 그림 3.5처럼 보일 수 있습니다[Bicknell and Hoggatt, 1972].

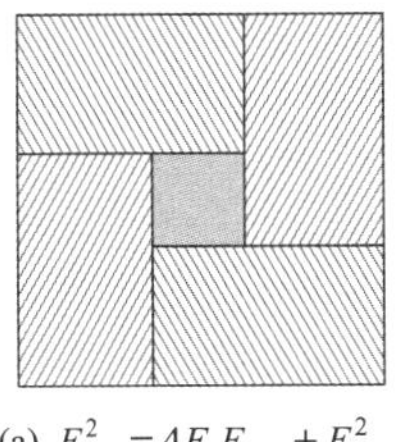

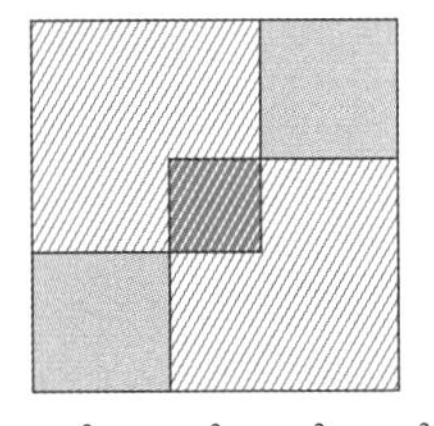

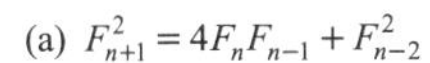

(a) $F_{n+1}^2 = 4F_nF_{n-1} + F_{n-2}^2$　　(b) $F_{n+1}^2 = 2F_n^2 + 2F_{n-1}^2 - F_{n-2}^2$

그림 3.5

3.4 몇 가지 부등식

그림 3.5(a)를 양수와 그 양수의 역수의 합은 항상 2보다 크거나 같다는 사실, 즉 임의의 양수 x에 대해 $x + \frac{1}{x} \geq 2$라는 사실을 보이는 데에도 활용할 수 있습니다. x와 $\frac{1}{x}$의 곱은 항상 1인데 착안해서 그림 3.5(a)에 있는 네 개의 직사각형의 두 변을 각각 x와 $\frac{1}{x}$이라 이름 붙입니다. 그러면, 각 직사각형의 넓이가 1이 되므로 전체 정사각형의 넓이는 최소한 4가 됩니다. 따라서 이 정사각형의 한 변의 길이인 $x + \frac{1}{x}$은 최소한 2가 되어야 합니다.

이 아이디어를 이용해서 직사각형의 변을 각각 a, b라고 표시함으로써(이미 앞장에서 살펴보았던) 산술평균–기하평균의 부등식을 보일 수도 있습니다[Schattschneider, 1986].

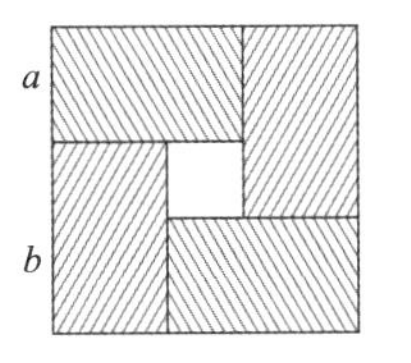

$$(a+b)^2 \geq 4ab$$
$$\therefore \frac{a+b}{2} \geq \sqrt{ab}$$

그림 3.6

미적분에서 배우는 정적분의 응용 중 하나는 일정한 구간에서 함수의 그래프와 x축 사이의 넓이를 구하는 것입니다. 양수의 자연로그를 적당한 구간에서의 $y = \frac{1}{x}$과 x축 사이의 넓이로 생각하면 그림 3.7처럼 네이피어의 부등식, $b > a > 0$이면 $\frac{1}{b} < \frac{\ln b - \ln a}{b - a} < \frac{1}{a}$을 보일 수 있습니다. 네이피어의 부등식은 또한 숫자 e를 나타내는 잘 알려진 극한을 유도하는 데에도 사용될 수 있습니다. $a = 1, b = 1 + \frac{1}{n}$이라 하면

$$\frac{n}{n+1} \cdot \frac{1}{n} < \ln\left(1 + \frac{1}{n}\right) < 1 \cdot \frac{1}{n};$$

$$\frac{n}{n+1} < n \ln\left(1 + \frac{1}{n}\right) < 1;$$

$$\lim_{n\to\infty} \ln\left(1 + \frac{1}{n}\right)^n = 1;$$

$$\therefore \lim_{n\to\infty}\left(1 + \frac{1}{n}\right)^n = e$$

가 됩니다.

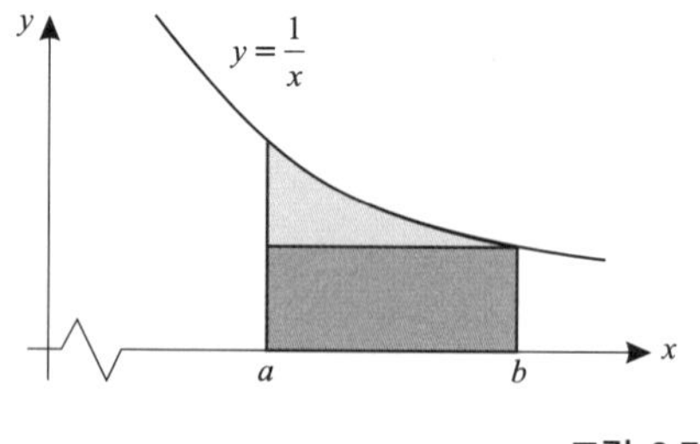

$$\frac{1}{b}(b-a) < \int_a^b \frac{1}{x}dx < \frac{1}{a}(b-a)$$

$$\therefore \frac{1}{b} < \frac{\ln b - \ln a}{b-a} < \frac{1}{a}$$

그림 3.7

3.5 제곱의 합

그림 3.8에서 $3(1^2 + 2^2 + \cdots + n^2)$이 변의 길이가 각각 $2n + 1$, $1 + 2 + \cdots + n$인 직사각형의 넓이와 같으므로 $1^2 + 2^2 + 3^2 + \cdots + n^2 = \frac{n(n+1)(2n+1)}{6}$을 보일 수 있습니다[Gardner, 1973].

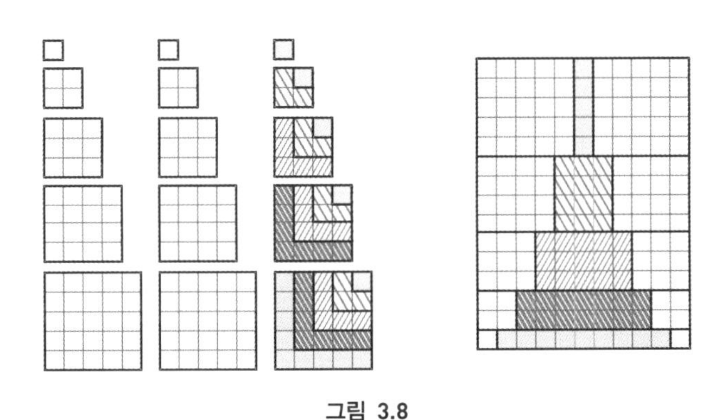

그림 3.8

3.6 세제곱의 합

n^3을 n개의 n^2으로 간주해서 정수의 세제곱의 합도 평면 도형으로 나타낼 수 있습니다. 예를 들어, 그림 3.9는

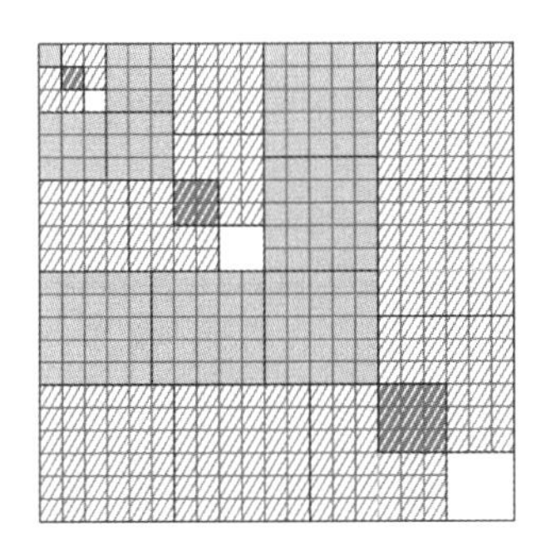

그림 3.9

$1^3 + 2^3 + 3^3 + \cdots + n^3 = (1 + 2 + 3 + \cdots + n)^2$을 보여줍니다. 그림을 보면 두 개의 정사각형이 만나는 곳에서 작은 정사각형이 생기지만, 같은 넓이를 가진 빈 정사각형이 바로 옆에 생기게 됩니다[Golomb, 1965].

| 도 | 전 | 문 | 제 |

3.1 그림 3.10이 나타내는 등식은 무엇일까요?

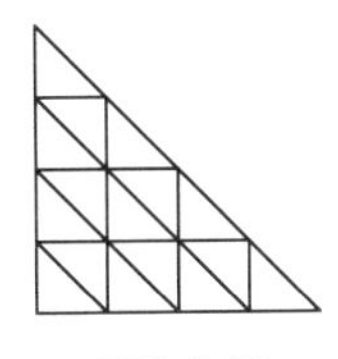

그림 3.10

3.2 등식 $F_{n+1}^2 = F_n^2 + F_{n-1}^2 + 2F_{n-1}F_n$을 나타내는 그림을 하나 만들어 봅시다.

3.3 그림 3.11을 이용해서 피보나치 수에 대한 다음 등식을 증명해 봅시다.

a. $F_{n+1}^2 = 4F_{n-1}^2 + 4F_{n-1}F_{n-2} + F_{n-2}^2$
b. $F_{n+1}^2 = 4F_n^2 - 4F_{n-1}F_{n-2} - 3F_{n-2}^2$

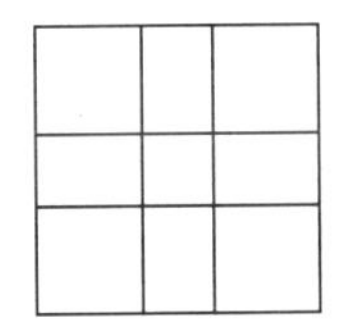

그림 3.11

3.4 그림 3.6의 직사각형의 각 변을 $\frac{a}{a+b}$, $\frac{b}{a+b}$로 바꾸어 조화평균−기하평균 부등식을 증명해 봅시다.

3.5 넓이를 이용해서 "완전제곱"에 대한 등식

$$x^2 + ax = \left(x + \frac{a}{2}\right)^2 - \left(\frac{a}{2}\right)^2$$

을 증명해 봅시다.

3.6 넓이를 이용해서 $a > b > 0$이고 $x > y > 0$이면

$$ax - by = \frac{1}{2}(a+b)(x-y) + \frac{1}{2}(a-b)(x+y)$$

가 됨을 나타내어 봅시다.

3.7 연속된 네 개의 양의 정수의 곱은 완전제곱수보다 하나 작음을 증명해 봅시다(예를 들어 $3 \cdot 4 \cdot 5 \cdot 6 = 360 = 19^2 - 1$).

3.8 p와 q가 양수이면 $\int_0^1 \left(t^{\frac{p}{q}} + t^{\frac{q}{p}}\right) dt = 1$임을 보이는 그림을 하나 만들어 봅시다. [힌트: $y = x^{\frac{p}{q}}$이면 $x = y^{\frac{q}{p}}$가 됩니다.]

CHAPTER 04

부피로 숫자를 나타내기

이 장에서는 양수를 도형의 부피로 나타내려고 합니다. 가장 간단한 방법은 세 양수의 곱을 직육면체의 부피로 나타내는 것입니다. 또한, 정수를 부피가 1인 단위 정육면체의 집합으로 생각해서 부피를 계산함으로써 다양한 등식을 보일 수 있습니다. 이를 위해서 대부분의 경우 도형의 일부를 변형하거나 다시 배열할 것입니다.

4.1 이차원에서 삼차원으로

아마도 제곱의 차의 인수분해를 나타내는 다음 그림은 익숙할 것입니다.

$$a^2 - b^2 = (a - b)(a + b)$$

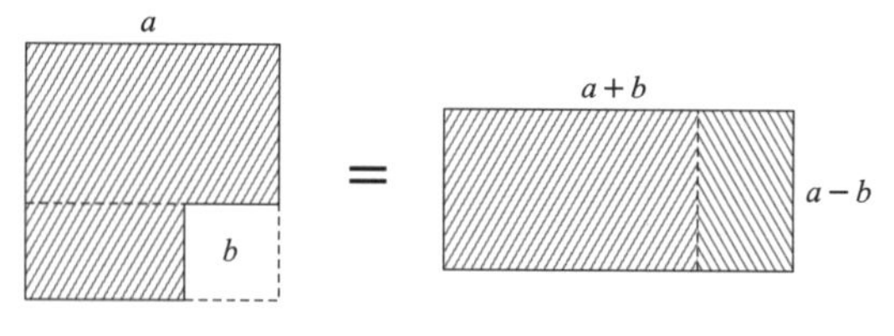

그림 4.1

이와 비슷한 방법으로 부피를 이용해서 세제곱의 차를 나타낼 수 있습니다.

$$a^3 - b^3 = (a - b)(a^2 + ab + b^2)$$

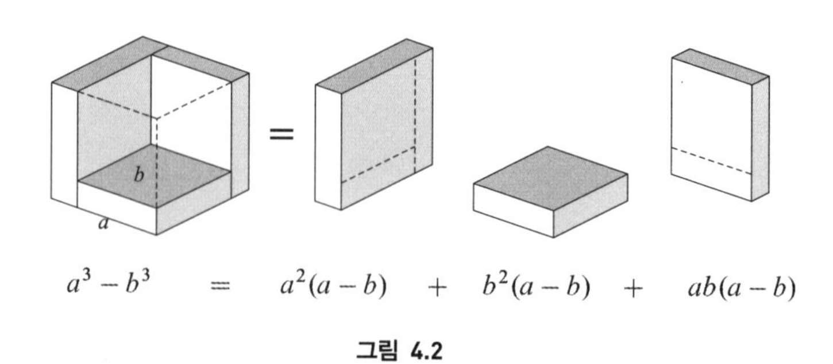

그림 4.2

우리는 3.3절에서 피보나치 수를 이용한 등식을 넓이를 이용해서 보였습니다(도전문제 3.2 참조). 그림 4.3을 통해 다음 피보나치 등식을 부피를 구함으로써 보일 수 있습니다.

$$F_{n+1}^3 = F_n^3 + F_{n-1}^3 + 3F_{n-1}F_nF_{n+1}$$

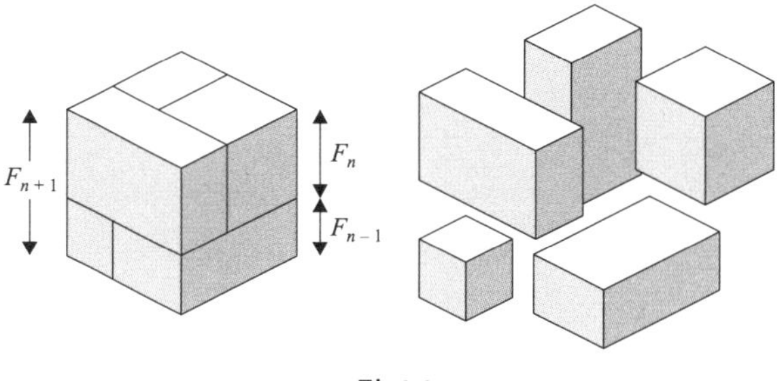

그림 4.3

4.2 다시 보는 제곱의 합

우리는 3.1절에서 n번째 삼각수 $T_n = 1 + 2 + \cdots + n$을 단위 정사각형으로 이루어진 도형으로 나타낸 다음 삼각형의 넓이를 이용해서 T_n에 대한 공식을 유도했습니다(그림 3.1). 이와 비슷한 방법으로 정수 k의 제곱 k^2을 k^2개의 단위 정사각형으로 나타내어 부피를 이용해 $1^2 + 2^2 + \cdots + n^2$을 그림 4.4처럼 계산할 수 있습니다.

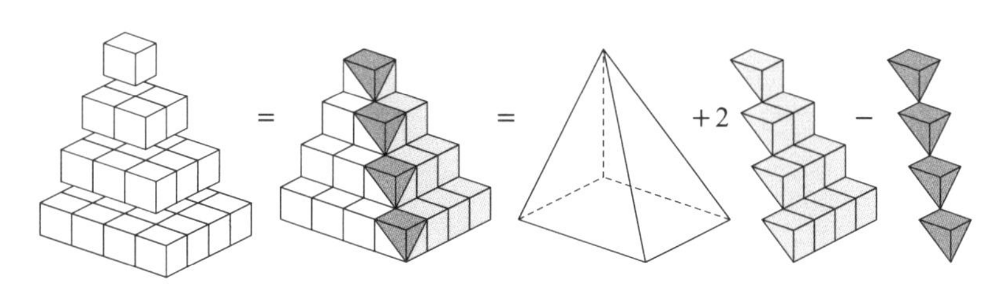

그림 4.4

여기서 사각뿔의 부피를 구하는 공식(밑면의 넓이와 높이 곱의 $\frac{1}{3}$)과 $1 + 2 + \cdots + n$이 $\frac{n(n+1)}{2}$이라는 사실을 이용하면

$$
\begin{aligned}
& 1^2 + 2^2 + \cdots + n^2 \\
&= \frac{1}{3}n^2 \cdot n + 2 \cdot \frac{n(n+1)}{2} \cdot \frac{1}{2} - n \cdot \frac{1}{3} \\
&= \frac{n(n+1)(2n+1)}{6}
\end{aligned}
$$

이 됩니다.

4.3 삼각수의 합

처음 n개의 삼각수의 합에 대한 공식을 비슷한 방법으로 나타낼 수 있습니다. 각 삼각수를 나타내게끔 단위 정육면체를 쌓은 다음에 작은 삼각뿔들을 "잘라내서"(그림 4.5 참조) 각각 잘려진 정육면체 위에 붙입니다. 이 도형은 큰 삼각뿔에서 밑변의 한 변을 따라 몇 개의 작은 삼각뿔이 비어 있는 형태가 됩니다.

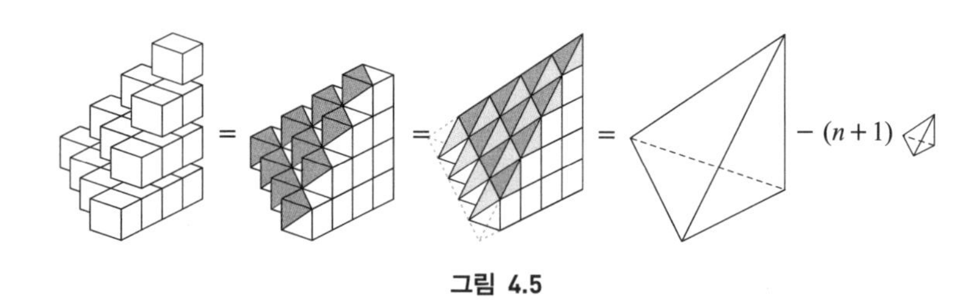

그림 4.5

따라서

$$T_1 + T_2 + \cdots + T_n = \frac{1}{6}(n+1)^3 - (n+1) \cdot \frac{1}{6} = \frac{n(n+1)(n+2)}{6}$$

가 성립하게 됩니다.

4.4 이중합

우리는 3.1절에서 "같은 도형을 붙임"으로써 영역을 "자르지 않고" 넓이를 구할 수 있었습니다(그림 3.1과 3.2 참조). 삼차원에서도 비슷한 방식으로 다음을 보일 수 있습니다.

$$\sum_{i=1}^{n}\sum_{j=1}^{n}(i+j-1)=n^3$$

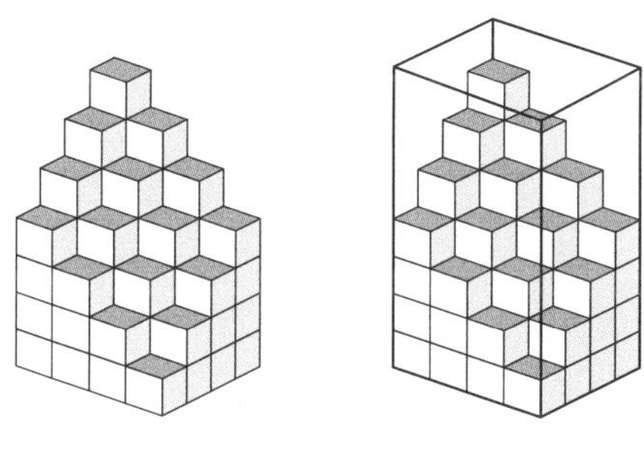

그림 4.6

위의 식에서 좌변의 이중합을 S라고 하면 그림에서 $2S = 2n^3$이 되므로 위의 등식이 성립하게 됩니다. 11장에서 이렇게 같은 모양의 도형을 여러 개 붙이는 방법을 좀더 다루도록 하겠습니다.

| 도 | 전 | 문 | 제 |

4.1 $a^3 + b^3 = (a + b)(a^2 - ab + b^2)$을 나타내는 입체도형의 그림을 하나 만들어 봅시다.

4.2 4.4절을 일반화한

$$\sum_{i=1}^{m}\sum_{j=1}^{n}\left[a + (i-1)b + (j-1)c\right]$$

$$= \frac{mn}{2}\left[2a + (m-1)b + (n-1)c\right]$$

를 증명해 봅시다. 바꿔 말하자면, 공차가 두 개인 이차 등차수열의 합은 첫 항$[(i, j) = (1, 1)]$과 마지막 항$[(i, j) = (m, n)]$의 합에 항의 개수를 곱한 값의 반과 같음을 증명해 봅시다.

4.3 그림 4.7을 이용해서 다음 등식을 증명해 봅시다.

$$1 + 2 = 3,$$
$$4 + 5 + 6 = 7 + 8,$$
$$9 + 10 + 11 + 12 = 13 + 14 + 15,$$
$$\cdots$$

그림 4.7

CHAPTER 05

핵심 요소를 파악하기

수학적인 그림은 대개 많은 정보를 내포하고 있기 때문에 단순한 그림의 수준을 뛰어넘습니다. 이런 그림은 기호뿐만 아니라 직선, 각, 투영, 치수 등을 포함하고 있습니다. 이 장에서는 관련된 부분—같은 선분, 같은 각, 반복, 합동이거나 닮은 모양—을 찾아내기 위해 그림에 특별한 "표시"를 하는 방법을 소개할 것입니다. 많은 경우, 핵심요소를 적절히 파악하게 되면 원하는 결과를 증명할 수 있게 됩니다. 자와 컴퍼스만을 가지고 관련된 요소(변, 각, 이등분선, ···)를 이용해서 그려야 하는 유클리드 기하학도 이런 경우라고 할 수 있습니다. 알려지지 않은 부분을 주어진 자료를 가지고 어떻게 표시할 것인지 찾아내는 과정이 곧 풀이과정이 됩니다. 따라서 수학적인 그림에서는 ··· 사소한 부분도 놓치면 안 됩니다!

5.1 볼록 사각형에서 각의 이등분선

삼각형에서는 세 각의 이등분선이 내심에서 만납니다. 그럼 볼록 사각형에서는 어떻게 될까요? 아래 문장이 이 질문에 대한 답이고, 그 증명은 관련된 모든 각을 표시해 놓은 간단한 그림으로 보일 수 있습니다.

> 볼록 사각형에서 네 각의 이등분선이 만나서 새로운 사각형을 만든다면 그 사각형은 한 원에 내접한다.

이 문장의 표현대로 간단한 그림을 하나 그리고 각을 표시하도록 하겠습니다(그림 5.1 참조).

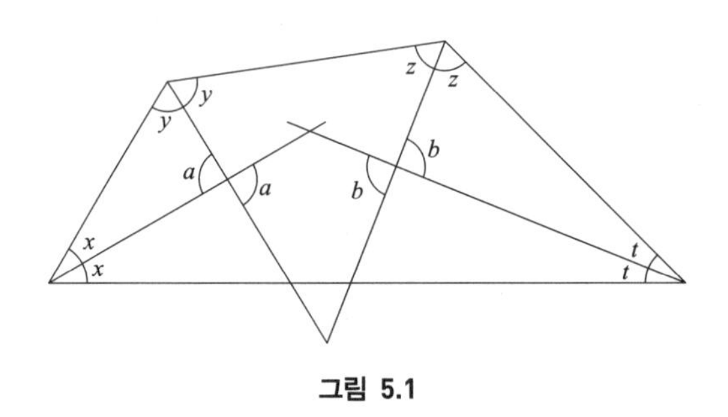

그림 5.1

여기서 각 a, b, x, y, z, t는

$$a + x + y = \pi,\ b + z + t = \pi,\ 2x + 2y + 2z + 2t = 2\pi$$

를 만족합니다. 따라서

$$a + b = (\pi - x - y) + (\pi - z - t) = 2\pi - (x + y + z + t) = \pi$$

가 되므로 새로 만들어진 사각형은 원에 내접하게 됩니다.

5.2 원에 내접하는 대각선이 서로 수직인 사각형

다음에 선보일 예시는 이등변 삼각형을 찾아서 어떤 변의 길이가 같다는 사실을 보이는 데에 각을 표시하는게 도움이 되는 경우입니다.

$ABCD$를 원에 내접하는 대각선이 서로 수직인 사각형이라고 하겠습니다. 이런 사각형은 매우 많습니다. 예를 들어 xy 좌표평면에서 중심이 원점인 원이 x축, y축과 만나는 점을 이은 사각형은 모두 이런 사각형이 됩니다. 대각선의 교점을 P라 하겠습니다. 이때, P를 지나는 한 직선이 사각형의 한 변에 수직이면 마주보는 변이 이등분된다는 것을 보이도록 하겠습니다.

주어진 사각형에서 점 P에서 x의 보각을 y라 표시한 다음 이들과 같은 각을 가지는 곳이 그림에 또 어디에 있는지 보도록 하겠습니다.

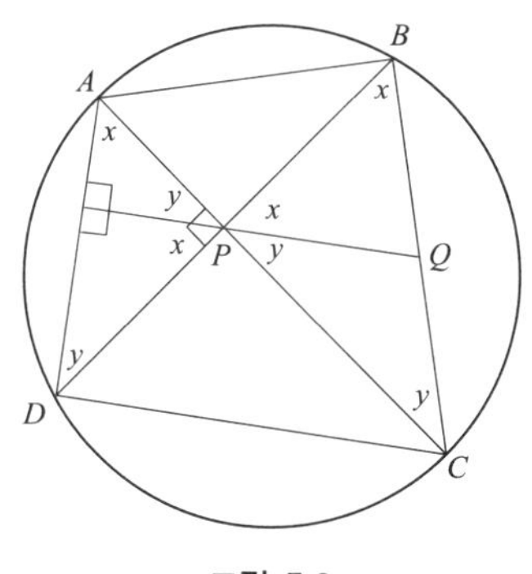

그림 5.2

$\angle DAC$와 $\angle DBC$는 모두 호(arc) DC의 원주각이고 $\angle ADB$와 $\angle ACB$는 모두 호 AB의 원주각입니다. $\triangle PBQ$는 이등변삼각형이 되니까 $\overline{BQ} = \overline{PQ}$가 되고, $\triangle PQC$가 이등변삼각형이 되니까 $\overline{QC} = \overline{PQ}$가 됩니다. 따라서 $\overline{BQ} = \overline{QC}$가 됩니다.

5.3 직각 쌍곡선의 성질

주목할 만하지만 거의 알려지지 않은 직각쌍곡선의 한 성질을 소개합니다.

정리 쌍곡선 $y = \frac{1}{x}$의 한쪽에서의 할선이 쌍곡선과 만나는 두 점을 각각 A, B라 하고 x축, y축과 만나는 점 중에서 A에 가까운 점을 A', B에 가까운 점을 B'라고 하면 $\overline{AA'} = \overline{BB'}$이다.

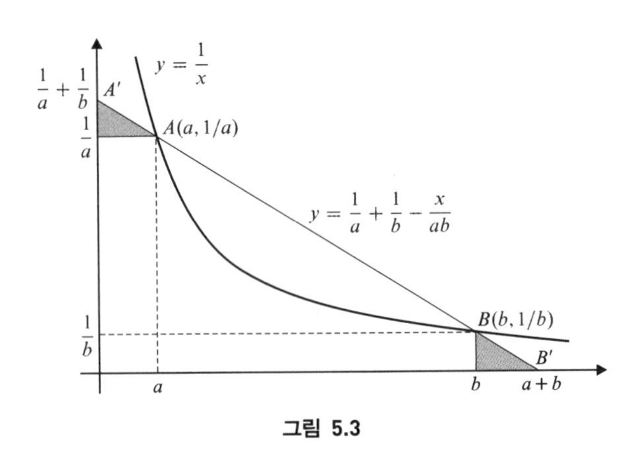

그림 5.3

아래 증명은 이 책의 첫 번째 저자와 릴리안 가르시아(J. L. Garcia Roig)가 만든 것인데 관련된 선분의 길이를 바로 계산한 것입니다.

증명. 점 $A\left(a, \frac{1}{a}\right)$와 $B\left(b, \frac{1}{b}\right)$를 지나는 할선의 방정식은

$$y = \frac{1}{a} + \frac{1}{b} - \frac{x}{ab}$$

이므로, $\left(0, \frac{1}{a} + \frac{1}{b}\right)$과 $(a + b, 0)$에서 축과 만난다. 위의 그림에서 음영을 넣은 삼각형은 합동이므로 각 삼각형의 빗변인 AA'과 BB'은 같은 길이가 된다.

양쪽 쌍곡선을 다 지나는 할선에서도 위의 정리가 성립할까요? 도전 문제 5.4를 참조하세요.

| 도 | 전 | 문 | 제 |

5.1 별모양 도형의 꼭짓점의 내각의 합은 180도임을 증명해 봅시다 [Hakhli, 1986]. [힌트: 오른쪽 그림에 있는 것처럼 선을 그리고 똑같은 각도를 찾아봅시다.]

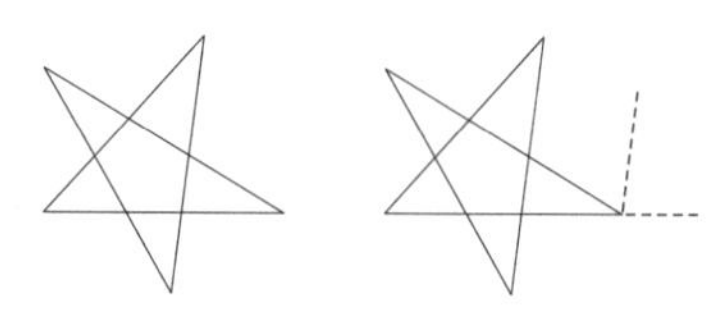

그림 5.4

5.2 그림에서 원 C_1은 원 C_2의 중심 O를 지나며 P에서의 원 C_1의 접선이 원 C_2와 R에서 만납니다. 공통현 PQ의 길이가 PR과 같음을 증명해 봅시다[Eddy, 1992].

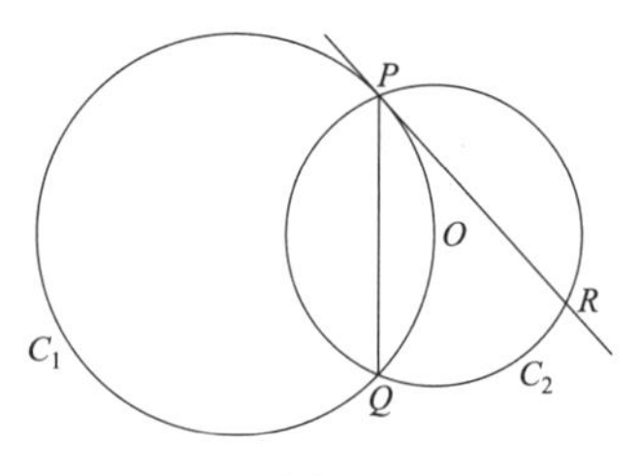

그림 5.5

5.3 정삼각형 DEF의 변 EF와 ED의 중점을 각각 A, B라 하고, 선분 AB를 한쪽으로 연장해서 $\triangle DEF$의 외접원과 만나는 점을 C라 합니다. 이때, B가 AC를 황금비율로 분할함을 증명해 봅시다[van de Craats, 1986].

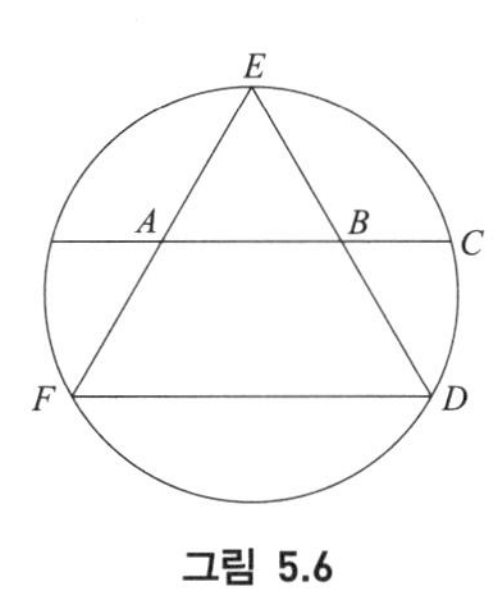

그림 5.6

5.4 5.3절의 정리는 할선이 쌍곡선의 양쪽을 모두 지날 때도 성립할 까요?

CHAPTER 06

등거리변환을 이용하기

평면에서의 등거리변환이란 거리를 보존하는 일차변환을 말합니다. 기본적인 등거리변환에는 회전이동, 평행이동, 대칭이동이 있습니다. 등거리변환은 유클리드 기하학에서의 거리가 보존되기 때문에 각과 넓이도 보존하게 되어 도형의 모양이 바뀌지 않게 됩니다. 즉 등거리 변환된 두 도형은 합동입니다.

6.1 《주비산경》에 나오는 피타고라스의 정리

피타고라스의 정리를 증명하는 가장 간단한(그리고 가장 우아한) 방법은 아마도 《주비산경(*Chou pei suan ching*)》—기원전 200년경에 만들어진 중국의 수학책—에 나오는 증명일 것입니다. 이 증명은 정사각형 내에서 삼각형들의 평행이동만으로 이루어져 있습니다.

큰 정사각형 안에 검게 칠한 네 개의 삼각형 중에 세 개의 삼각형이 움직이는 동안 하얀 부분의 넓이는 변하지 않음을 볼 수 있습니다.

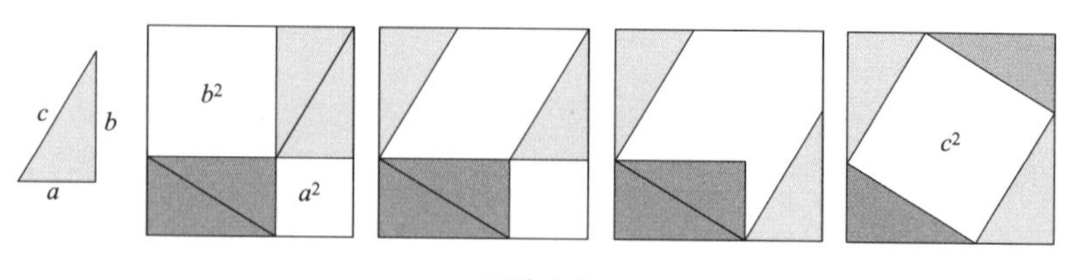

그림 6.1

6.2 탈레스의 정리

밀레토스에서 살았던 탈레스(기원전 640~546)의 기하학 정리 중에 하나—닮은 도형에서 서로 대응하는 부분은 비례한다—는 도형의 닮음을 연구하는 초석이며 삼각함수를 정의하는 기반이 됩니다. 등거리변환을 이용해 직각삼각형에 대해 이 정리를 증명해 봅시다.

그림 6.2(a)는 큰 직각삼각형 위에 이와 닮은 작은 직각삼각형을 겹친 그림입니다. 여기서 $\dfrac{a}{a'} = \dfrac{b}{b'}$임을 보이고자 합니다. 먼저 작은 삼각형을 O를 중심으로 180도 회전시킨 뒤, 그림 6.2(b)의 점선처럼 직사각형을 그립니다. 직사각형의 대각선 위에 있는 삼각형은 아래 있는 삼각형과 합동이기에 같은 넓이를 가지게 됩니다. 따라서 검게 칠한 직사각형

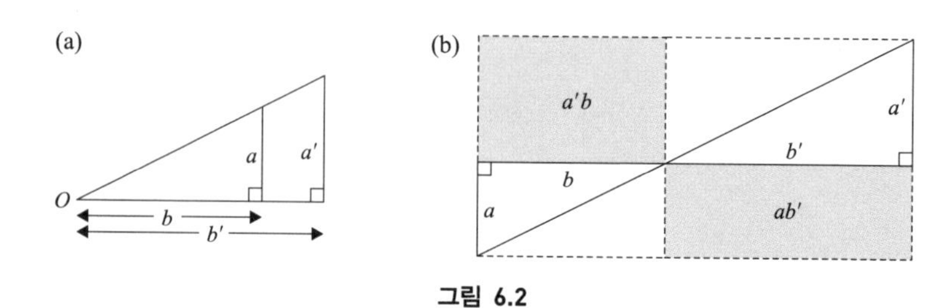

그림 6.2

은 같은 넓이를 가지게 됩니다. 즉 $db = ab'$이므로 $\frac{a}{a'} = \frac{b}{b'}$이 됩니다. 여기서, c와 c'을 각 삼각형의 빗변이라고 하면 간단한 계산을 통해 $\frac{c}{c'} = \frac{a}{a'} = \frac{b}{b'}$임을 알 수 있습니다.

6.3 피타고라스의 정리에 대한 레오나르도 다빈치의 증명

피타고라스의 정리에 대한 또 다른 시각적인 증명인 그림 6.3은 레오나르도 다빈치(1452~1519)의 작품입니다. 다빈치는 직각삼각형의 각 변 위에 정사각형을 그린 "표준" 그림 위에 전략적으로 같은 직각삼각형 두 개와 두 개의 점선 CC'과 DD'을 추가했습니다. 대칭이동에 의해 $DEFD'$은 $DBAD'$과 합동이며, 회전이동에 의해 $CBA'C'$은 $CAB'C'$과 합동이 됩니다. $DBAD'$를 점 B를 중심으로 시계방향으로 90도만큼 회전시키면 $DBAD'$과 $CBA'C'$ 또한 합동이 됩니다. 그러므로 육각형 $DEFD'AB$와 $CAB'C'A'B$는 합동인 부분으로 나눠지므로 같은 넓이가 됩니다. 이로부터 피타고라스의 정리를 얻게 됩니다.

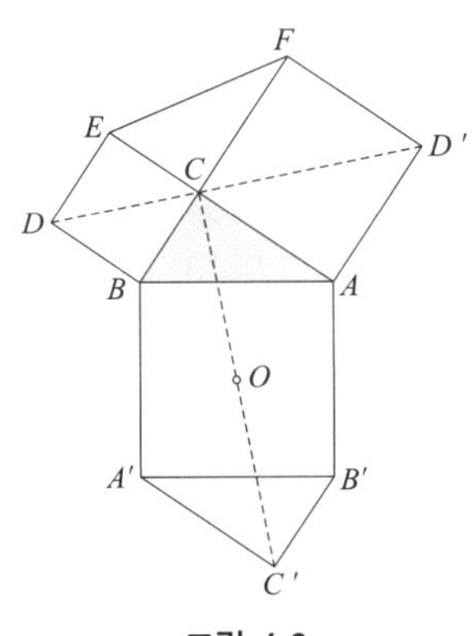

그림 6.3

6.4 삼각형에서의 페르마의 점

예각삼각형 $\triangle ABC$에서의 페르마의 점(*fermat point*) F는 $FA + FB + FC$를 최소로 하는 점으로 정의됩니다[그림 6.4(a) 참조]. 놀랍게도 페르마의 점은 다음과 같은 방법으로 그릴 수 있습니다. 그림 6.4(b)처럼 삼각형 $\triangle ABC$의 세 변 위에 정삼각형을 각각 그린 다음, 세 꼭짓점 A, B, C에서 각각 마주보는 정삼각형의 꼭짓점으로 선분을 긋습니다. 그 세 선분이 만나는 점이 삼각형 $\triangle ABC$의 페르마의 점이 됩니다.

위의 내용에 대한 아래 증명[Bogomolny, 1996]은 회전이동을 이용한 것입니다. 삼각형 $\triangle ABC$ 안의 임의의 점 P를 잡고 꼭짓점 A, B, C를 잇는 선분을 긋습니다. 삼각형 $\triangle APB$를 반시계방향으로 60도 회전시켜서 삼각형 $\triangle C'P'B$를 만들고 $C'A$와 $P'P$를 긋습니다[그림 6.4(c) 참조].

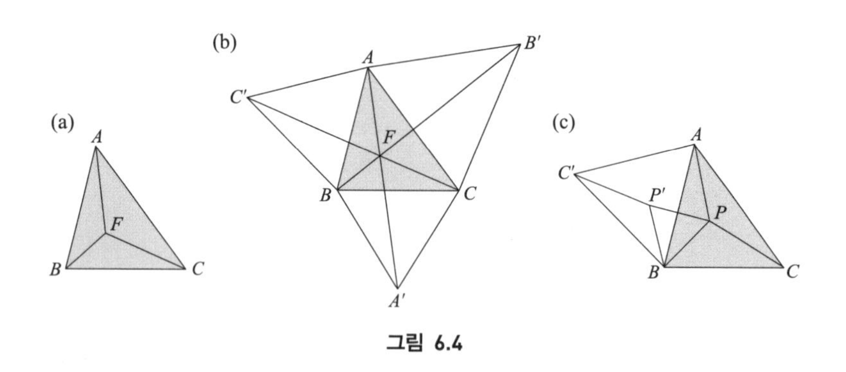

그림 6.4

삼각형 $\triangle ABC'$은 정삼각형이므로 $PA = P'C'$, $PB = P'B$가 됩니다. 따라서 삼각형 $\triangle BPP'$도 정삼각형이 되니까 $PB = P'P$가 됩니다. 따라서 $PA + PB + PC = C'P' + P'P + PC$가 성립합니다.

우변은 P'과 P가 선분 $C'C$ 위에 있을 때 최소가 됩니다(A를 회전이동시킨 C'은 P에 영향을 받지 않습니다). 따라서, $PA + PB + PC$는 P가 $C'C$ 위에 있을 때 최소가 되며, 이때 $\angle BPC' = 60°$가 됩니다. 삼각형의 어느 변을 회전시킬지 정해진 것이 아니기 때문에 P는 $B'B$나 $A'A$ 위에 있을 수도 있습니다.

19장에서 이 결과에 대한 또 다른 증명을 살펴보도록 할 것입니다.

6.5 비비아니의 정리

정삼각형의 한 놀랄 만한 성질에 대한 빈센초 비비아니(1622~1703)의 정리를 소개합니다.

정리 정삼각형의 안이나 둘레 위의 한 점에서 각 변에 그은 수선의 합은 높이와 같다.

이 정리에 대한 아래 증명[Kawasaki, 2005]은 회전이동만을 이용한 것입니다.

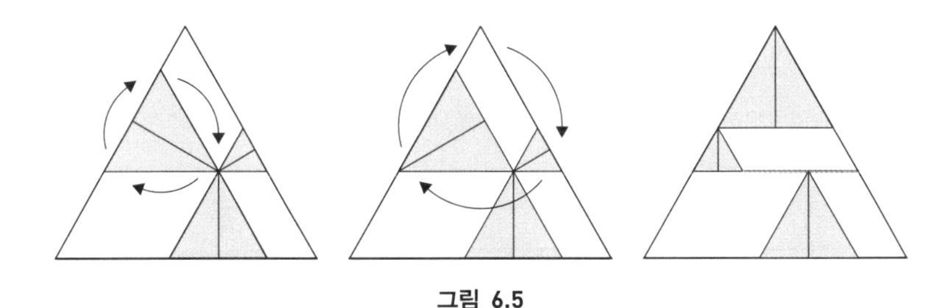

그림 6.5

| 도 | 전 | 문 | 제 |

6.1 등거리 변환을 이용해서 그림 6.6에 있는 12세기 힌두 수학자인 바스카라가 했던, 피타고라스의 정리에 대한 "보라(*behold*)!" 증명을 성립시켜 봅시다.

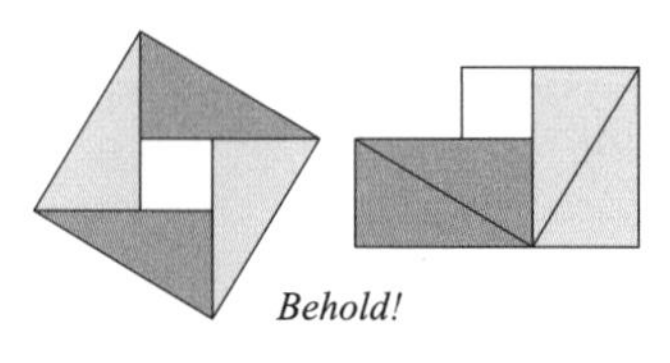

그림 6.6

6.2 그림 6.7과 회전이동이 아닌 대칭이동을 사용해서 비비아니의 정리에 대한 또 다른 증명을 만들어 봅시다.

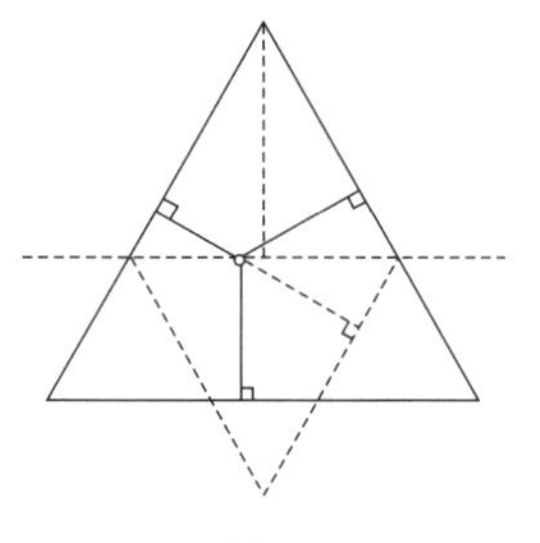

그림 6.7

6.3 원에 내접하며 이웃하는 네 변의 길이가 3이고 나머지 네 변의 길이가 2인 볼록 팔각형의 넓이를 구해 봅시다.

6.4 F가 삼각형 $\triangle ABC$의 페르마의 점[그림 6.4(b) 참조]일 때, $\angle AFB = \angle BFC = \angle CFA = 120°$ 임을 증명해 봅시다.

CHAPTER 07

닮음을 이용하기

이 장에서 우리는 도형—주로 삼각형—의 닮음을 이용해서 기하학의 정리들을 증명하려고 합니다. 이 방법은 앞서 이미 사용한 적이 있습니다. 예를 들어 2.1절의 그림 2.2(a)에서는 닮은 삼각형을 이용해서 직각삼각형의 빗변에 그은 수선의 길이는 수선으로 나뉜 빗변 위의 두 선분 길이의 기하평균이 됨을 보였습니다.

7.1 프톨레마이오스의 정리

다음의 정리와 닮은 삼각형만을 이용한 그 증명은 알렉산드리아에 살았던 프톨레마이오스(Ptolemy, 150년경)가 한 것입니다.

정리 원에 내접하는 사각형의 대각선의 길이의 곱은 마주보는 두 변의 곱의 합과 같다.

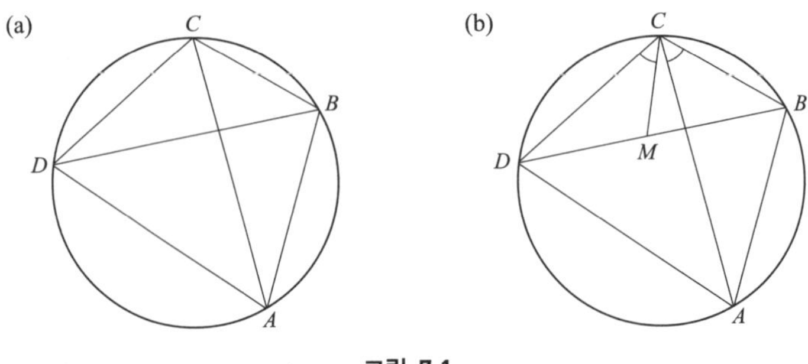

그림 7.1

그림 7.1(a)는 원에 내접하는 일반적인 사각형의 그림이고 7.1(b)는 $\angle DCM$과 $\angle ACB$가 같게끔 선분 CM을 그은 것입니다.

$\angle CDB$와 $\angle CAB$는 호 CB의 원주각으로 서로 같기 때문에, 삼각형 $\triangle DCM$과 삼각형 $\triangle ACB$는 닮음이 됩니다[그림 7.2(a) 참조]. 따라서, $\dfrac{\overline{CD}}{\overline{MD}} = \dfrac{\overline{AC}}{\overline{AB}}$이므로 $\overline{AB} \cdot \overline{CD} = \overline{AC} \cdot \overline{MD}$가 됩니다.

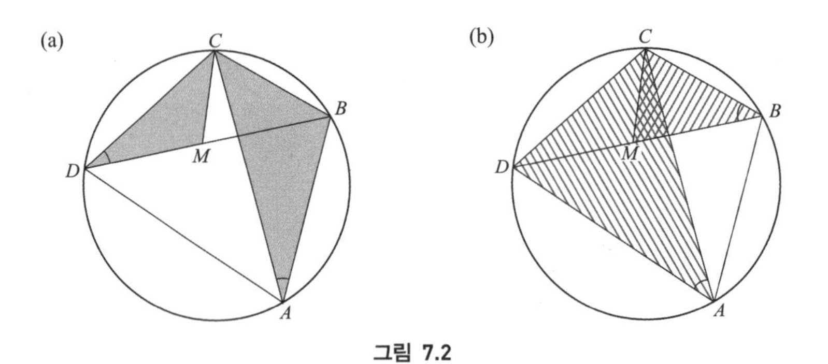

그림 7.2

이와 비슷하게 $\angle DAC$와 $\angle DBC$는 호 DC의 원주각으로 서로 같기 때문에 삼각형 $\triangle DAC$와 삼각형 $\triangle MBC$은 닮음이 됩니다[그림 7.2(a) 참조]. 따라서, $\dfrac{\overline{BC}}{\overline{BM}} = \dfrac{\overline{AC}}{\overline{AD}}$ 이므로 $\overline{BC} \cdot \overline{AD} = \overline{AC} \cdot \overline{BM}$이 됩니다. 이 둘을 더하면 $\overline{AC}(\overline{MD} + \overline{BM}) = \overline{AC} \cdot \overline{BD}$가 됩니다.

7.2 정오각형의 황금비율

황금비율은 아래와 같으며 기하학에서 여러 절묘한 상황에 등장합니다.

$$\phi = \frac{1+\sqrt{5}}{2} \simeq 1.618$$

그림 7.3(a)처럼 한 변의 길이가 1인 정오각형 대각선의 길이 x가 그 중 하나입니다.

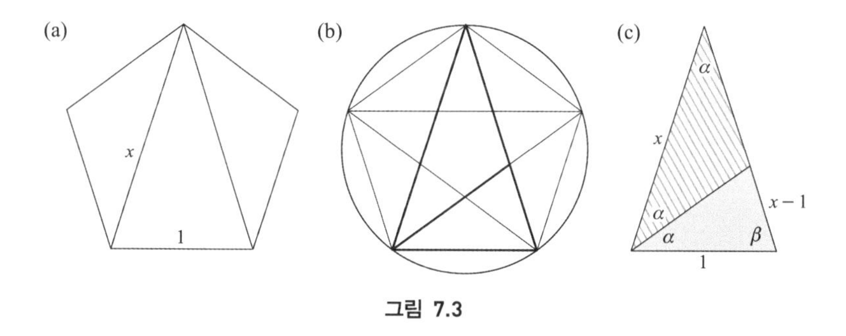

그림 7.3

그림 7.3(b)와 7.3(c)에 나온 것처럼 정오각형의 대각선을 그어서 만들어지는 이등변삼각형은 두 개의 작은 삼각형으로 나눠집니다. 그림 7.3(c)의 α로 표시된 두 각은 각각 외접원 둘레의 $\frac{1}{5}$에 해당하는 호의 원주각이므로 서로 같습니다. 따라서 빗금친 삼각형 또한 이등변삼각

형이 되며 $\alpha = 36°$이고 $\beta = 2\alpha$이므로 $\beta = 72°$가 됩니다. 즉 검게 칠한 삼각형도 이등변삼각형이 되고 원래의 삼각형과 닮게 됩니다. 따라서 $\frac{x}{1} = \frac{1}{x-1}$이 성립합니다. 즉 x는 $x^2 - x - 1 = 0$의 양의 실근이므로 $x = \frac{1+\sqrt{5}}{2}$를 얻게 됩니다.

7.3 피타고라스의 정리에 대한 또 다른 증명

2.1절에서 언급한 대로 직각삼각형의 빗변에 내린 수선의 발은 원래의 삼각형을 이와 닮은 두 개의 작은 삼각형으로 나눕니다. 이것은 피타고라스의 정리에 대한 또 하나의 증명이 됩니다.

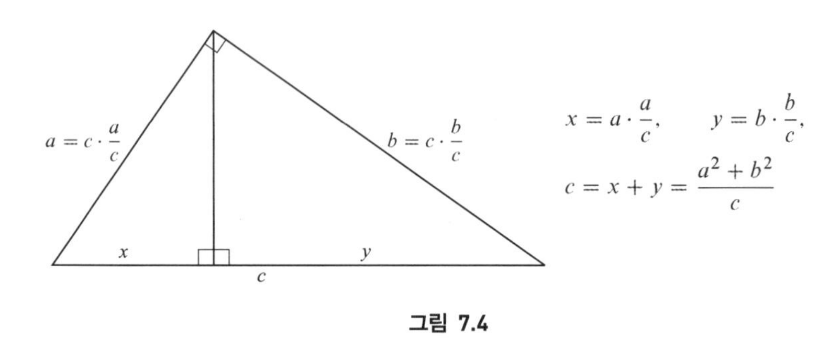

그림 7.4

7.4 체바의 선과 삼각형의 변 사이의 넓이

체바의 선(*cevian*)이란 삼각형의 한 꼭짓점과 마주보는 변을 잇는 선분(혹은 그 연장선)을 말합니다. 그림 7.5처럼 한 정삼각형의 밑변의 두 꼭짓점에서 나머지 한 꼭짓점까지의 길이의 $\frac{1}{3}$에 해당되는 지점을 잇는 체바의 선을 긋습니다. 이때, 정삼각형의 넓이와 그 두 체바의 선과 정삼각형의 밑변으로 이루어진 삼각형의 넓이 사이에는 어떤 관계가 있을까요?

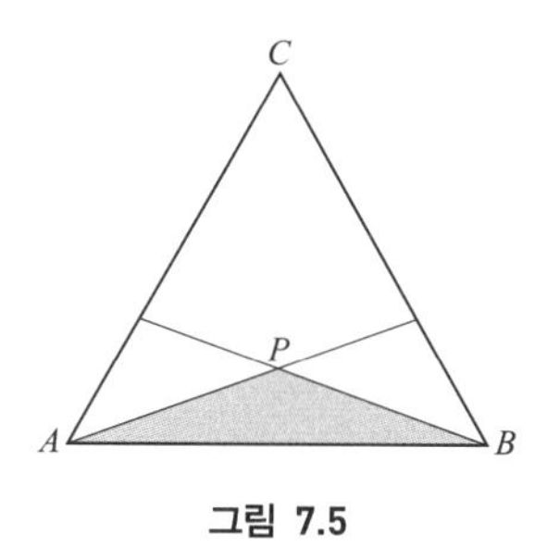

그림 7.5

편의상 삼각형 $\triangle ABC$의 넓이를 $[ABC]$로 나타냅시다. 그림 7.6은 삼각형 $\triangle ABC$를 다섯 개 그려 놓은 것인데, 삼각형 $\triangle APQ$는 삼각형 $\triangle ADE$와 닮음을 알 수 있고 $[APQ] = \frac{1}{25}[ADE]$임을 알 수 있습니다. 또한, $[ADE] = \frac{5}{2}[ABC]$가 됩니다. 따라서

$$[APQ] = \frac{1}{25}[ADE] = \left(\frac{1}{25}\right)\left(\frac{5}{2}\right)[ABC] = \frac{1}{10}[ABC]$$

가 성립하고, $[APB] = \frac{1}{5}[ABC]$가 됩니다.

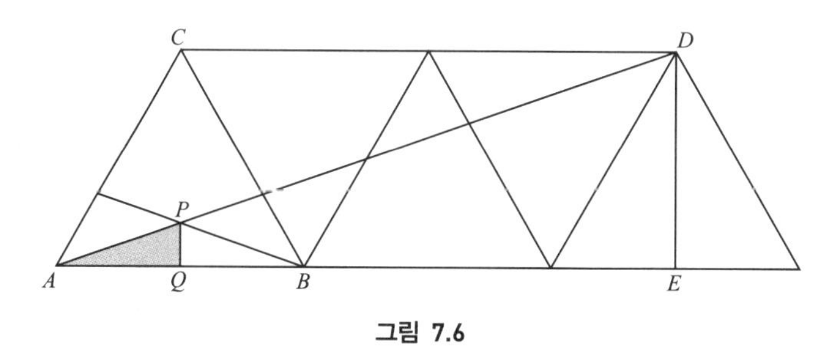

그림 7.6

| 도 | 전 | 문 | 제 |

7.1 삼각형의 넓이, 각 변의 길이, 외접원의 반지름을 각각 K, a, b, c, R이라고 하면 $K = \frac{abc}{4R}$가 됨을 증명해 봅시다.

7.2 $\sin 54° = \cos 36° = \frac{\phi}{2}$이고, $\sin 18° = \cos 72° = \frac{\phi - 1}{2}$이 됨을 증명해 봅시다. [힌트: 그림 7.3(c)를 이용합니다.]

7.3 **역수에서의 피타고라스의 정리:** 빗변이 아닌 직각삼각형의 두 변을 a, b, 빗변에 내린 수선의 발 길이를 h라고 하면

$$\frac{1}{a^2} + \frac{1}{b^2} = \frac{1}{h^2}$$

임을 증명해 봅시다.

7.4 그림 7.7처럼 정삼각형의 각 변의 삼등분점과 중점을 연결해서 육각형(검게 칠한) 부분을 만듭니다. 이 육각형이 넓이는 삼각형의 $\frac{2}{5}$가 됨을 나타내 봅시다.

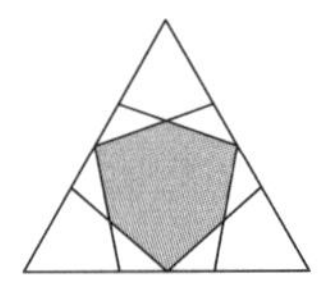

그림 7.7

CHAPTER 08

넓이를 보존하는 변환

우리가 6장에서 살펴본 대로, 평면에서 길이를 보존하는 가장 기본적인 변환은 등거리변환입니다. 등거리변환은 길이를 보존하기 때문에 각, 넓이, 부피 등도 보존합니다. 이제 우리는 평면에서 길이나 각도는 보존하지 않지만 넓이를 보존하는 변환을 생각해 보려 합니다.

우선 먼저 삼각형과 평행사변형을 생각해 보도록 하겠습니다. 그림 8.1(a)처럼 두 삼각형의 밑변이 같고, 각 삼각형의 나머지 꼭짓점이 밑면에 평행한 직선 위에 놓이면 두 삼각형의 넓이는 같습니다. 이와 비슷하게 그림 8.1(b)처럼 밑변이 같고 높이가 같은 평행사변형도 같은

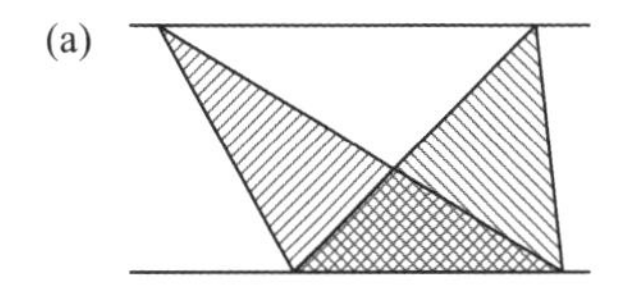

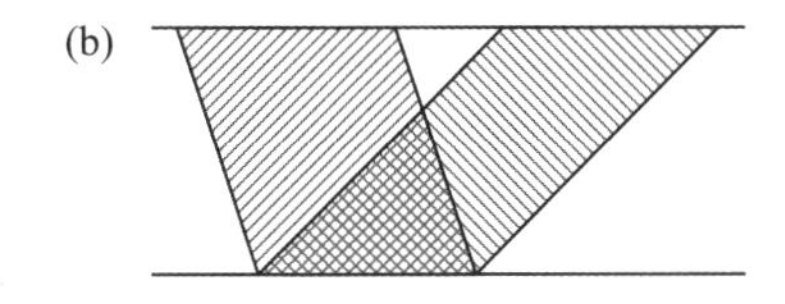

그림 8.1

넓이를 가지게 됩니다. 이러한 간단한 변환을 통해 바로 다음 절에서 두 가지 중요한 정리를 증명해 보도록 하겠습니다.

8.1 파푸스와 피타고라스

알렉산드리아에 살았던 파푸스(320년경)의 《수학집성》 제4권에 보면 다음과 같은 일반화된 피타고라스의 정리가 나옵니다.

정리 삼각형 ABC의 변 AB와 AC 위에 각각 평행사변형 $ABDE$와 $ACFG$를 그린다. DE와 FG의 연장선이 만나는 점을 H라 하고, HA와 같은 길이를 가지면서 HA에 평행하도록 BL과 CM을 그리면, $BCML$의 넓이는 $ABDE$와 $ACFG$의 넓이의 합과 같다.

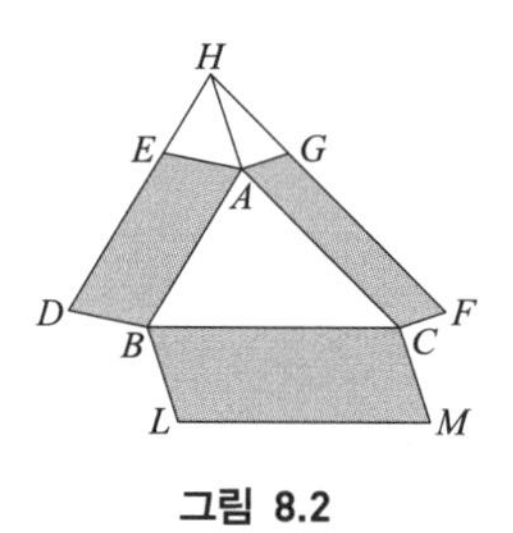

그림 8.2

평행사변형의 넓이를 보존하는 변환을 통해 다음과 같이 증명할 수 있습니다.

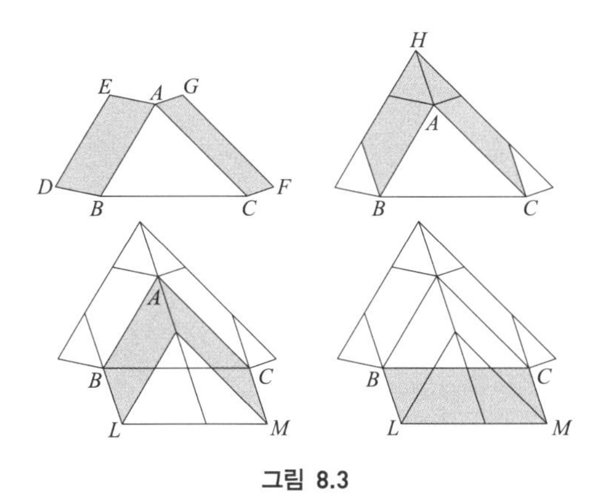

그림 8.3

여기서 삼각형이 직각삼각형이고, 각 변 위에 그린 평행사변형이 정사각형이면 피타고라스의 정리에 대한 증명이 됩니다.

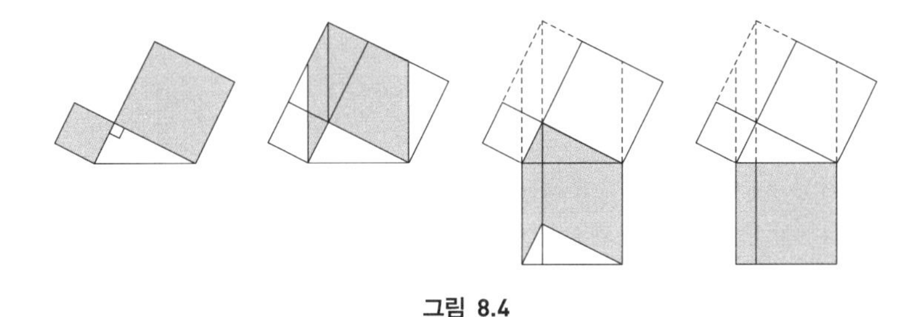

그림 8.4

8.2 다각형과 같은 넓이의 정사각형 그리기

그리스 기하학의 고전적인 문제 중 하나는 도형을 "정사각형으로 만드는" 것입니다. 즉 눈금 없는 자와 컴퍼스만을 사용해서 주어진 도형과 같은 넓이를 가지는 정사각형을 그리는 것입니다. 우리가 아는 것처럼 원을 정사각형으로 만드는 것은 불가능하지만, 볼록 n각형은 가능하다는 것을 보이도록 하겠습니다.

볼록 n각형을 정사각형으로 만드는 것을 보여주는 그림은 몇 가지 있습니다. 우선 삼각형을 가지고 시작해서 귀납적으로 보이도록 하겠습니다.

보조정리 자와 컴퍼스만을 가지고 삼각형을 정사각형으로 만들 수 있다.

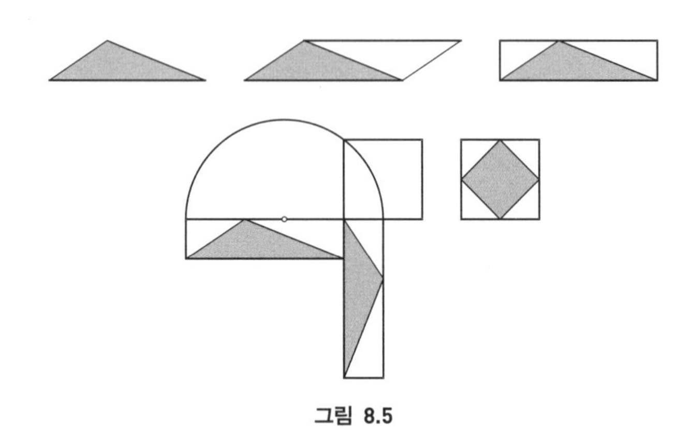

그림 8.5

같은 삼각형 두 개를 그려서 평행사변형을 만듭니다. 그런 다음, 같은 넓이를 가지는 직사각형을 만들고, 직사각형 두 변의 기하평균이 한 변이 되도록 정사각형을 만들면[그림 2.2(a) 참조], 그 정사각형 넓이의 반이 원래 삼각형의 넓이와 같게 됩니다.

정리 자와 컴퍼스만을 가지고 볼록 n각형 $P_n(n \geq 4)$과 넓이가 같은 볼록 $(n-1)$각형 P_{n-1}을 만들 수 있다.

그림 8.6에서 P_n의 제일 왼쪽 꼭짓점을 지나는 직선은 점선으로 표시된 한 대각선에 평행하게 그린 것이며, 나머지는 별다른 설명이 필요 없습니다.

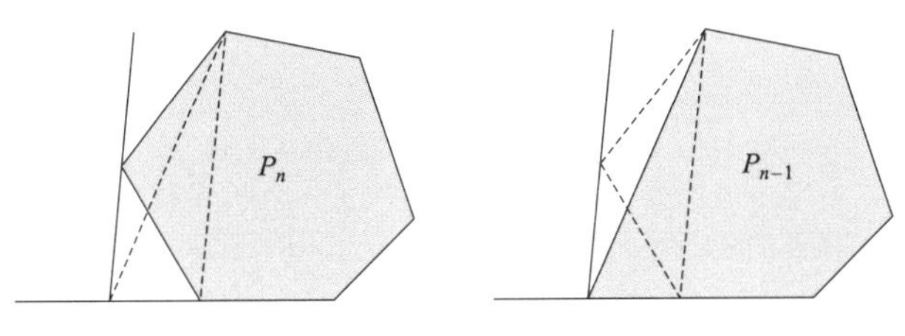

그림 8.6

n각형을 정사각형으로 만드는 또 다른 방법도 무척 간단합니다. n각형의 한 꼭짓점에서 대각선을 그어서 여러 개의 삼각형으로 나눈 다음, 위의 보조정리를 이용해서 각 삼각형을 정사각형으로 만들면 됩니다. 그리고 피타고라스의 정리를 이용해서 그 정사각형들을 다 더해서 하나의 큰 정사각형을 만들면 됩니다.

8.3 평행사변형 내부의 같은 넓이를 가지는 영역

그림 8.7(a)처럼 평행사변형의 인접한 두 변에서 각각 아무 점이나 한 점씩을 잡아서 평행사변형의 나머지 꼭짓점들과 선분을 긋습니다. 이렇게 하면 평행사변형이 $a, b, \cdots, h$로 표시된 것처럼 모두 8개의 영역으로 나뉩니다. 그림 8.7(b)는 넓이를 보존하는 변환을 통해 $a + b + c = d$임을 보인 것입니다[Richard, 2004].

삼각형의 넓이를 비교하면 $a + h + 2b + f + c = b + h + f + d$가 되므로 원하는 결과를 얻게 됩니다. $e + f = g + h$임을 보이는 문제가 도전문제 8.6에 있습니다.

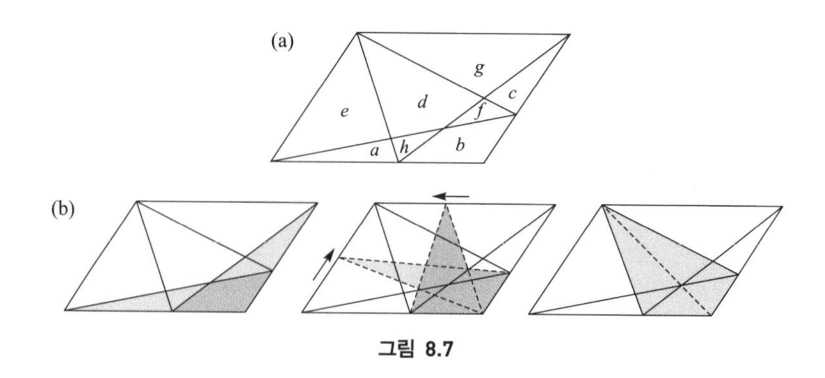

그림 8.7

8.4 코시-슈바르츠 부등식

코시-슈바르츠 부등식이란 실수 a, b, x, y에 대해 $|ax+by| \le \sqrt{a^2+b^2} \cdot \sqrt{x^2+y^2}$ 이 성립한다는 것입니다. 절대값의 성질을 이용하면 $|ax+by| \le |a||x|+|b||y|$가 되므로 코시-슈바르츠 부등식을 증명하기 위해서는

$$|a||x|+|b||y| \le \sqrt{a^2+b^2} \cdot \sqrt{x^2+y^2}$$

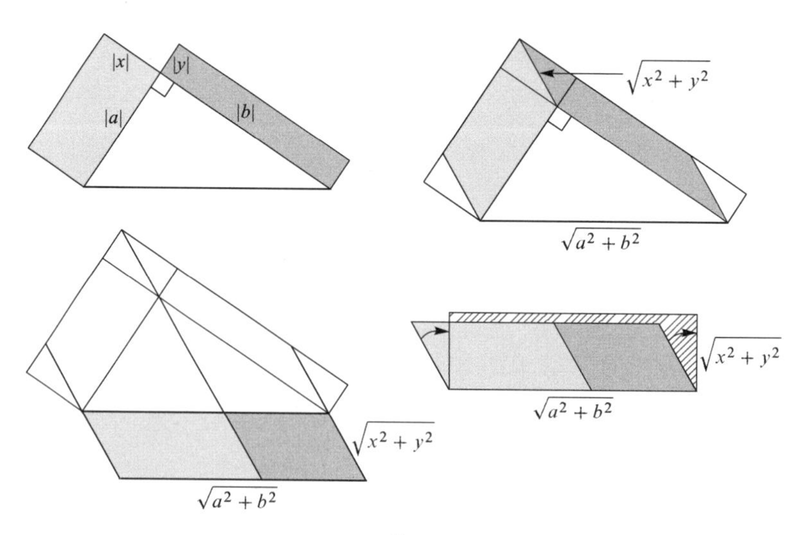

그림 8.8

을 증명하면 됩니다.

8.1절에서 사용했던 파푸스의 정리를 다시 이용하기 위해 그림 8.8처럼 각 변의 길이가 $|a|$와 $|b|$인 직각삼각형과 두 변이 각각 $|a|$, $|x|$와 $|b|$, $|y|$인 직사각형을 그립니다. 이로부터 두 변의 길이가 각각 $\sqrt{a^2+b^2}$, $\sqrt{x^2+y^2}$인 평행사변형을 얻는데, 이것은 두 변의 길이가 같은 직사각형보다 작거나 같은 넓이를 가지게 됩니다.

8.5 가스파르 몽주의 정리

프랑스의 기하학자인 가스파르 몽주(1746~1818)는 1사분면에 놓인 삼각형과 기울기가 양수인 직선 사이의 재미있는 관계를 하나 알아내었습니다. 직선 위의 한 선분 AB의 중점을 M이라고 합시다. 그림 8.9(a)처럼 M을 한 꼭짓점으로 하는 두 개의 삼각형을 만들고 각각의 넓이를 S_x, S_y라 합니다. 그리고 그림 8.9(b)처럼 삼각형 $\triangle OAB$를 만들고 그 넓이를 S라 합시다. 그러면, $S = |S_x - S_y|$가 됩니다.

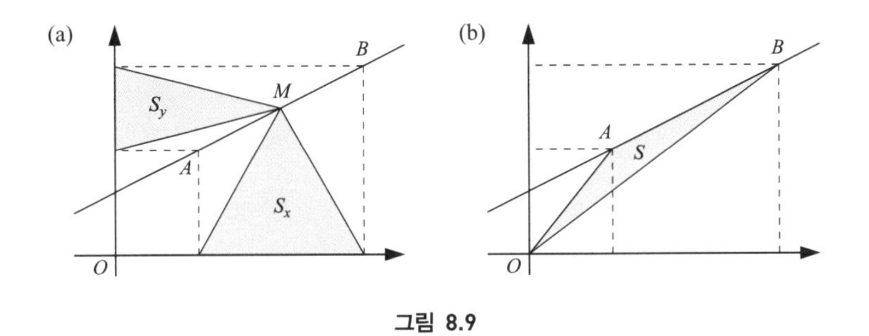

그림 8.9

(주: y절편이 양수면 $\left|S_x - S_y\right| = S_x - S_y$ 이고, x절편이 양수면 $\left|S_x - S_y\right| = S_y - S_x$ 입니다. 여기서는 전자의 경우이며 후자의 경우도 비슷합니다.) 그림 8.10은 이 정리를 넓이를 보존하는 변환을 통해 보인 것입니다. S_x와 S_y의 빗금 방향이 다른 것은, S_y를 S_x에서 뺀다는 것을 나타냅니다.

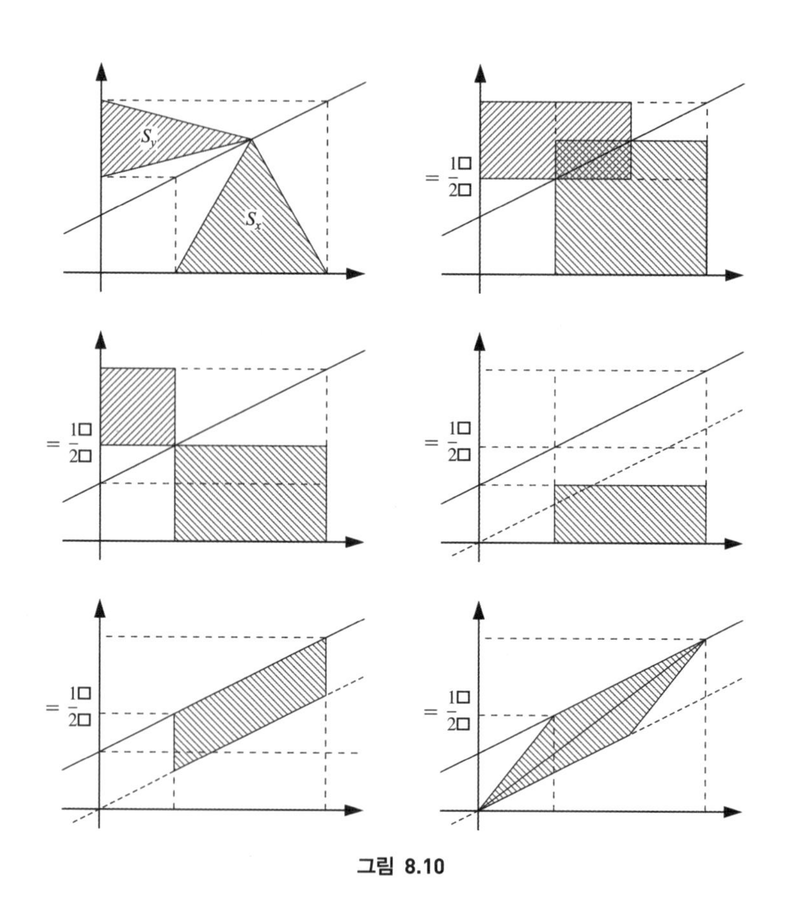

그림 8.10

| 도 | 전 | 문 | 제 |

8.1 8.2절에서 설명한 방법이 볼록하지 않은 n각형에도 쓰일 수 있을까요?

8.2 코시−슈바르츠 부등식에서 등호가 성립하는 경우는 언제일까요?

8.3 자와 컴퍼스 말고 다른 도구가 있다면 원을 정사각형으로 만들 수 있을까요?

8.4 넓이를 보존하는 변환을 통해 제곱합을 인수분해한 다음 등식을 증명해 봅시다.

$$x^2 + y^2 = \left(x + \sqrt{2xy} + y\right)\left(x - \sqrt{2xy} + y\right)$$

8.5 그림 8.11에서 검게 칠한 두 평행사변형의 넓이는 같다는 사실을 이용해서 사인법칙, 즉 $\dfrac{\sin\alpha}{a} = \dfrac{\sin\beta}{b}$임을 유도해 봅시다.

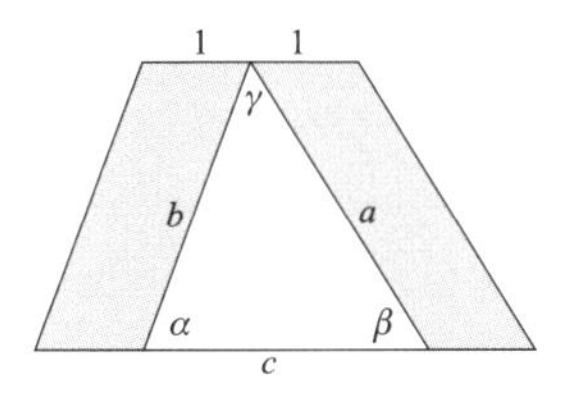

그림 8.11

8.6 넓이를 보존하는 변환을 통해 8.3절에 나온 평행사변형에서 $e + f = g + h$임을 증명해 봅시다.

8.7 그림 8.12처럼 주어진 이등변삼각형에서 $c^2 = a^2 + bd$가 성립함을 증명해 봅시다.

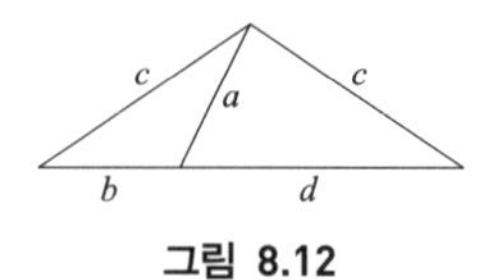

그림 8.12

CHAPTER 09

평면에서 벗어나기

우리는 평면도형에 관련된 문제는 평면에서 해결하고 공간도형에 관련된 문제는 공간에서 해결하려는 경향이 있습니다. 그런데, 주어진 상황(평면 또는 공간)에만 한정해서 논의하는 것은 너무나 제한적일 수 있습니다! “공간의 관점에서 보았을 때” 더 쉽게 풀리는 평면과 관련된 문제들은 많이 있습니다. 이와 반대로, 평면의 문제로 생각했을 때 더 쉽게 풀리는 공간과 관련된 문제들도 볼 수 있습니다.

이 장에서 우리가 전하고자 하는 바는 평면과 공간을 한데 묶어서 살펴볼 수도 있음을 염두에 두라는 것입니다.

9.1 세 원과 여섯 개의 접선

몽주의 원에 대한 정리(*Monge's Circle Theorem*)로 알려져 있는 평면도형의 멋진 관계를 하나 생각해 봅시다

[Bogomolny, 1996]. 크기가 다른 인접하지 않는 세 원에서 한 쌍씩 선택해서 두 개의 공통외접선을 그립니다. 그러면 외접선의 교점들은 모두 한 직선(L) 위에 있게 됩니다. 그림으로 그려보면 다음과 같습니다.

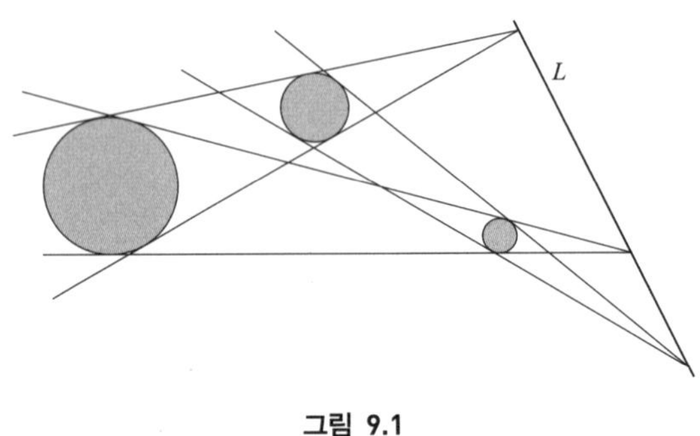

그림 9.1

평면에서 이를 증명하는 것은 쉽지 않은 일입니다. 그러나 3차원 공간에서 생각해 보면 간단하게 해결됩니다.

그림 9.1에서 각 원을 구의 "적도"에 해당한다고 생각합시다. 한 쌍의 구와 한 쌍의 외접선으로 원뿔이 만들어지면 원뿔의 반은 원이 있는 평면 위에 존재하게 되고, 나머지 반은 원이 있는 평면 아래에 존재하게 됩니다. 이제 세 개의 반구에 접하는 평면을 생각해 봅시다. 이 평면은 세 원뿔에도 접하기 때문에 원래의 평면과 직선 L에서 만나게 됩니다. 이 평면은 세 반원뿔과 한 직선씩만 공유하기 때문에 세 원뿔의 꼭짓점이 직선 L과의 교점이 됩니다.

9.2 케이크를 공평하게 나누기

여섯 면이 모두 초콜릿으로 코팅된 직사각형 모양의 케이크를 다섯 명에게 나눠주려고 합니다. 우리의 과제는 다섯 명에게 케이크를 "공평하게"—같은 부피의 빵과 초콜릿 코팅—나눠주는 방법을 찾는 것입니다. 꽤 멋진 방법 중에 하나가 아래 그림[Sanford, 2002]입니다.

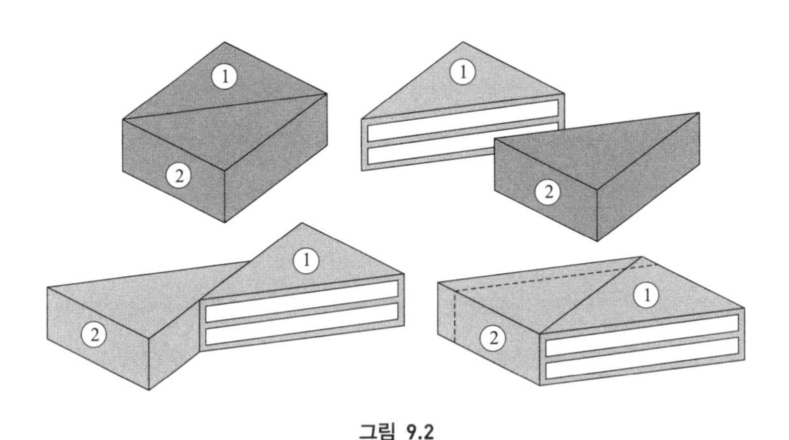

그림 9.2

케이크를 대각선을 따라 잘라서 반쪽을 그림처럼 이동한 다음(공간에서의 이동), 잘라 만든 위쪽의 평행사변형을 다섯 부분으로 자르는(평면에서의 분할. 처음 분할은 점선으로 표시되어 있습니다) 것입니다. 각자 같은 부피의 빵과 초콜릿 코팅으로 이루어진 두 쪽의 빵을 받게 되니 공평한 배분이 됩니다!

9.3 원에 내접하는 정칠각형 그리기

기하학에서 유명한 고전적인 문제 중의 하나가 자와 컴퍼스만을 가지고는 주어진 원 안에 내접하는 정칠각형을 그릴 수 없다는 것입니다. 여기서 우리는 두 개의 추가 도구—가위와 두꺼운 종이—를 이용해서 공간에서 이것이 가능함을 보이려고 합니다!

주어진 원의 반지름이 R이라고 합시다. 두꺼운 종이 위에 반지름 $\frac{8R}{7}$인 원을 그린 다음 8등분합니다. 이 원을 가위로 자른 다음 8등분한 조각 중 하나를 잘라내고 나머지 연결된 7조각으로 원뿔을 만듭니다. 이 원뿔의 밑면의 둘레는 주어진 원의 둘레와 같으므로 주어진 원 위에 이 원뿔을 놓으면 원주를 7등분하게 되며, 따라서 주어진 원에 내접하는 정칠각형을 그리게 됩니다!

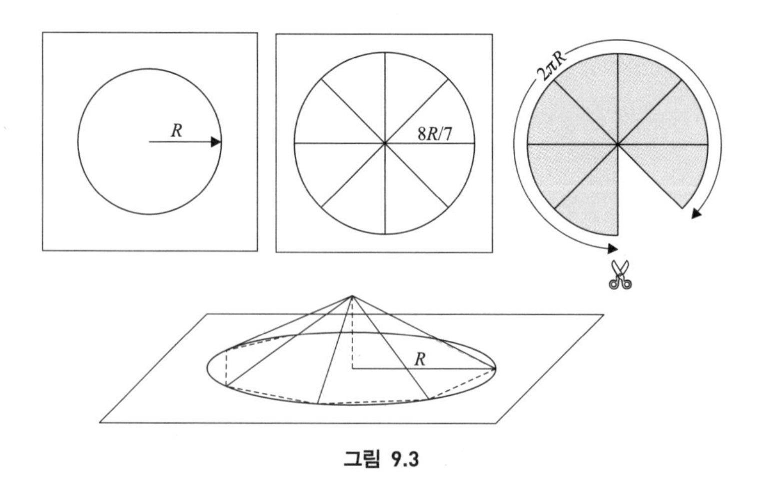

그림 9.3

9.4 거미와 파리

3차원의 문제이지만 2차원에서 생각하면 쉽게 풀리는 문제를 하나 소개하겠습니다. 이것은 헨리 어니스트 듀드니(Henry Ernest Dudeney, 1857~1931)가 고안한 문제로서 아마도 그가 고안한 퍼즐 중 제일 유명할 것입니다[Gardner, 1961]. 그림 9.4(a)처럼 폭 30피트, 높이 12피트, 너비 12피트인 방 안에 파리 한 마리와 거미 한 마리가 있습니다. 거미는 한쪽 벽 가운데 바닥에서 1피트 떨어진 곳(검은 점)에 있고, 파리는 맞은편 벽 가운데 천장에서 1피트 떨어진 곳(회색 점)에 있는데 거미가 너무 두려워 꼼짝 못하게 되었습니다. 파리를 잡기 위해서 거미가 이동해야 하는 제일 짧은 거리는 얼마나 되겠습니까?

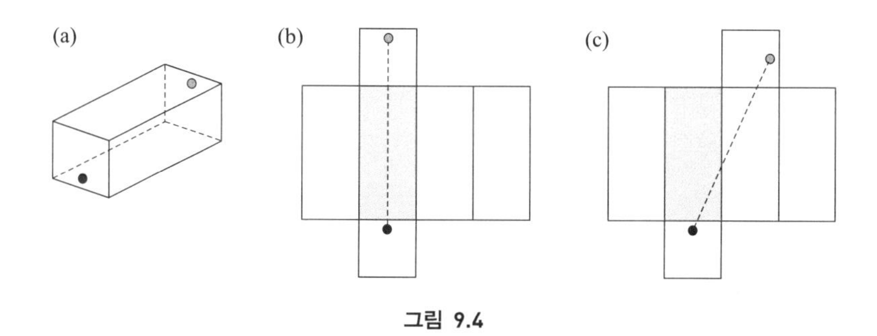

그림 9.4

제일 짧은 경로를 찾기 위해서 방을 "펴서" 평면도형으로 만들어 두 점 사이의 거리를 구하도록 할 것입니다. 방을 펴는 몇 가지 방법 중 두 가지 방법이 그림 9.4(b)와 (c)에 소개되어 있습니다(회색 직사각형은 방바닥을 나타냅니다). 그림 (b)의 경우 거미에서 파리까지 거리는 42피트이지만 (c)의 경우는(피타고라스의 정리를 이용해서) 불과 $\sqrt{1658} \simeq 40.7$ 피트가 됩니다. 이것이 제일 짧은 거리일지 아닐지 알아보는 것은 도전문제로 넘기겠습니다. [힌트: 제일 짧은 거리가 아닙니다!]

| 도 | 전 | 문 | 제 |

9.1 9.2절에 나온 다섯 명에게 케이크를 공평하게 배분하는 문제의 또 다른 해법을 찾아봅시다.

9.2 $(a+b)^3 = a^3 + 3a^2b + 3ab^2 + b^3$ $(a, b \geq 0)$을 나타내는 공간 도형을 이용한 그림을 하나 만들어 봅시다.

9.3 공간에서 두 구가 만나는 부분이 원이 된다는 것을 어떻게 하면 눈으로 볼 수 있을까요?

9.4 n각형($n \geq 3$)을 (자, 컴퍼스, 가위, 두꺼운 종이를 이용해서) 원에 어떻게 내접시킬 수 있는지 말해 봅시다.

9.5 그림 9.4(a)에 있는 거미와 파리 사이의 제일 짧은 경로를 구해 봅시다.

CHAPTER 10

타일을 겹치기

평면에 타일을 깐다는 것은 셀 수 있는 닫힌집합(타일)으로 틈새나 겹침 없이 평면을 덮는 것을 말합니다 [Grünbaum and Shepard, 1986]. 그림 10.1에 두 가지 예가 나와 있는데 (a)는 서로 다른 두 종류의 정사각형을 이용한 것이고, (b)는 정사각형과 직사각형을 이용한 것입니다.

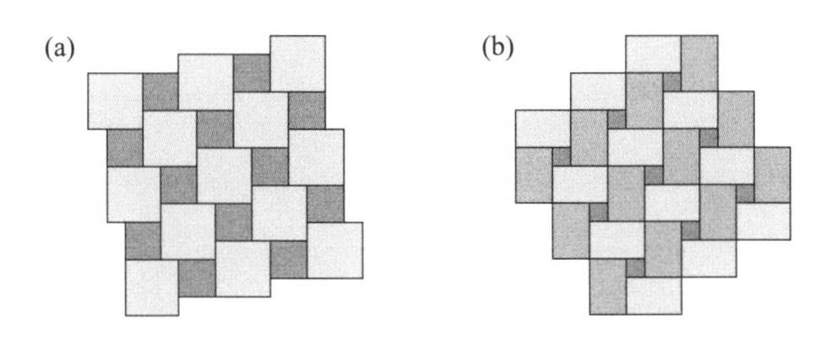

그림 10.1

실제로 이 그림처럼 타일을 까는 것은 가정이나 교회, 궁전 등에서 수세기 동안 사용된 방법입니다[Eves, 1976]. 만약 "투명한" 타일로 된 격자를 이 위에 겹칠 수 있다면, 수학의 다양한 정리들을 그림으로 보일 수 있게 됩니다. 우선 그림 10.1을 이용해서 피타고라스의 정리에 대한 몇 가지 고전적인 증명을 보이도록 하겠습니다.

10.1 피타고라스 타일깔기

그림 10.2(a)처럼 그림 10.1(a) 위에 정사각형 모양의 격자로 이루어진 투명한 타일을 깔도록 하겠습니다. 여기서 투명한 격자에 있는 정사각형의 한 변은 밑에 놓인 두 정사각형의 각 변을 두 변으로 하는 직각삼각형의 빗변이 됩니다. 그림 10.2(b)에서 볼 수 있듯이 이들 둘은 삼각형의 두 변 위에 있는 정사각형들이 어떻게 나눠지고 합쳐져서 빗변 위에 놓인 정사각형과 같아지는지를 보여줌으로써 피타고라스의 정리에 대한 "분해된" 증명을 보여줍니다. 이 증명은 보통 아라비아의 아나리지(900년경)의 것으로 간주됩니다 [Annairizi].

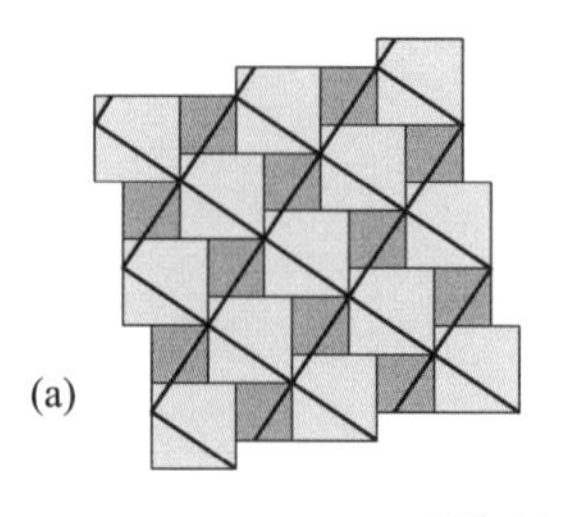

그림 10.2

여기서 겹쳐 놓은 격자의 정사각형 꼭짓점이 밑에 놓인 정사각형 타일의 중심에 놓이게끔 격자를 이동하면 피타고라스의 정리에 대한 두 번째 분해된 증명을 얻게 됩니다. 이 증명은 그림 10.3에 나와 있는데, 헨리 페리갈(1801~1899)의 것으로 알려져 있습니다. 겹쳐 놓은 격자를 다른 방법으로 이동시키면 또 다른 증명을 얻을 수 있는데, 실제로 그림 10.1(a)의 타일을 이용한 피타고라스의 정리에 대한 이런 식의 분해된 증명은 셀 수 없이 많이 있습니다!

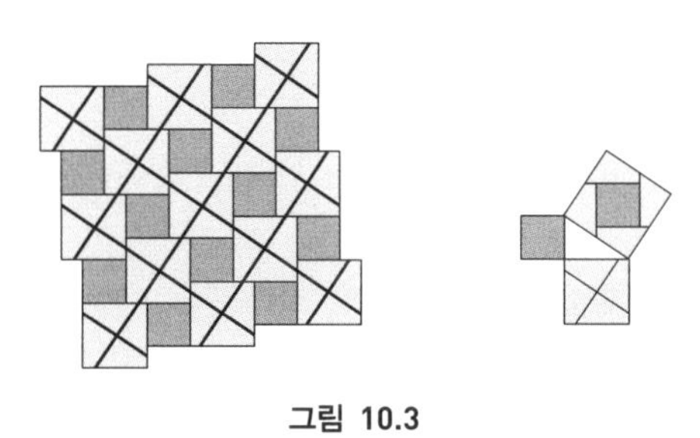

그림 10.3

그림 10.4처럼 그림 10.1(b) 그림의 직사각형 모양 타일의 대각선과 한 변의 길이가 같은 정사각형으로 이루어진 격자를 겹쳐 놓으면, 피타고라스의 정리에 대한 바스카라의 유명한 "보라!" 증명(12세기)의 기초가 됩니다[Eves, 1980]. 도전문제 6.1에서 등거리변환을 이용해서 같은 결과를 보였습니다.

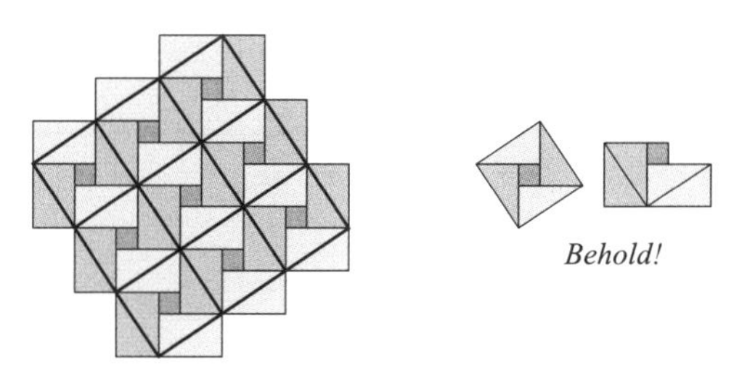

그림 10.4

대각선의 길이가 1인 직사각형 두 개를 포함한 세 개의 직사각형으로 그림 10.1(b)에 나온 패턴대로 평면에 타일을 깔고 마름모꼴의 격자를 겹쳐 놓으면, 삼각함수에서의 "사인의 합 공식"을 얻게 됩니다[Priebe and Ramos, 2000].

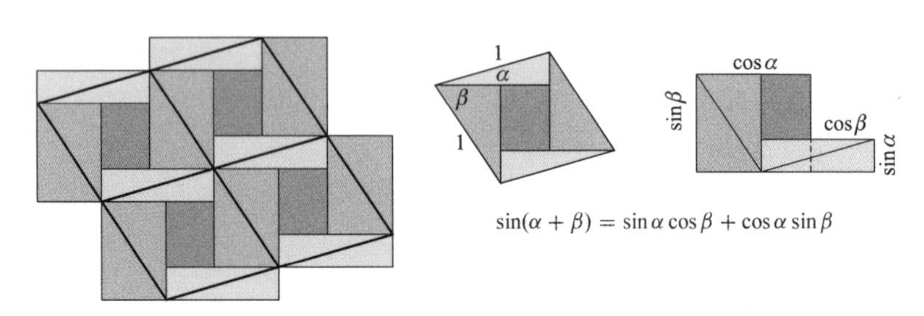

그림 10.5

10.2 좌표평면 타일깔기

평면에 같은 크기의 정사각형 타일을 깔면 모눈종이처럼 보이기 때문에 좌표평면 타일깔기라고 부르도록 하겠습니다. (일반적으로 같은 크기와 모양으로 타일을 까는 것을 단면 타일깔기라고 합니다.) 이 좌표평면 타일깔기 위에 그림 10.2, 10.3, 10.4에서 사용한 투명 정사각형 모양의 격자를 겹쳐 놓으면, 다음 정리에 대해 그림 10.6과 같은 증명을 얻게 됩니다.

정리 정사각형의 각 꼭짓점에서 마주보는 변의 중점을 선분으로 이어서 생기는 작은 정사각형은 원래의 정사각형 넓이의 $\frac{1}{5}$이다.

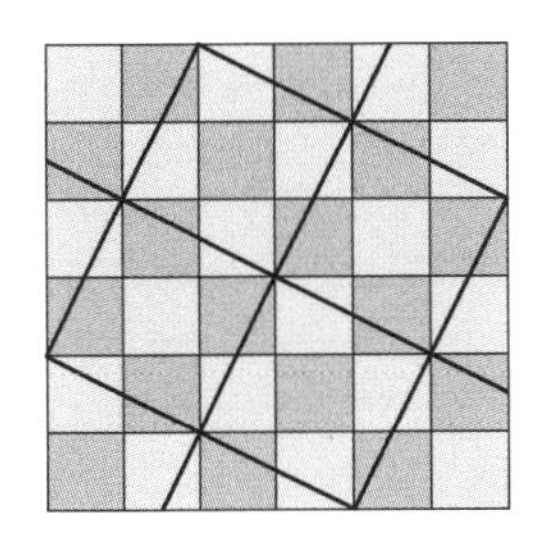
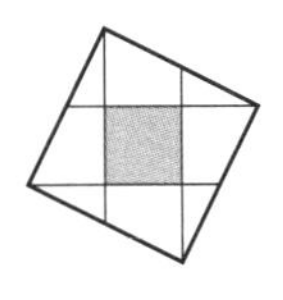
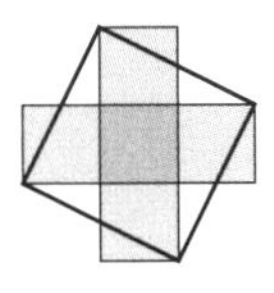

그림 10.6

같은 좌표평면 타일 위에 다른 방법으로 격자를 겹쳐 놓으면 다음 정리에 대한 증명(그림 10.7)을 얻게 됩니다.

정리 반원에 내접하는 정사각형은 같은 반지름의 원에 내접하는 정사각형 넓이의 $\frac{2}{5}$이다.

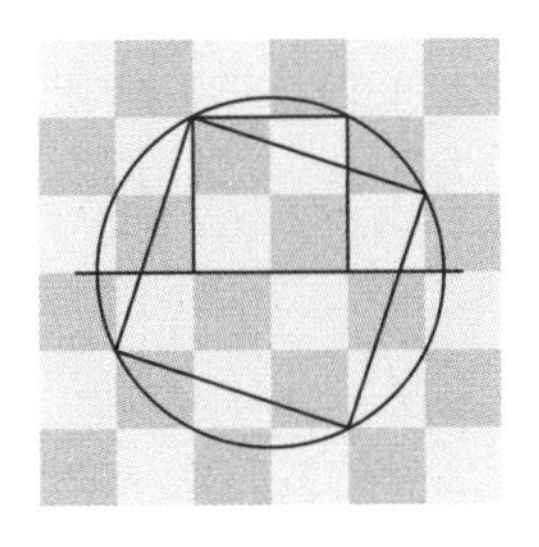

그림 10.7

10.3 사각형 타일깔기

지금까지 우리가 살펴본 타일깔기는 정사각형과 직사각형을 이용한 것이었습니다. 그런데 그림 10.8에서처럼 볼록이든 오목이든 어떤 종류의 사각형을 가지고도 평면 위에 단면 타일깔기가 가능합니다.

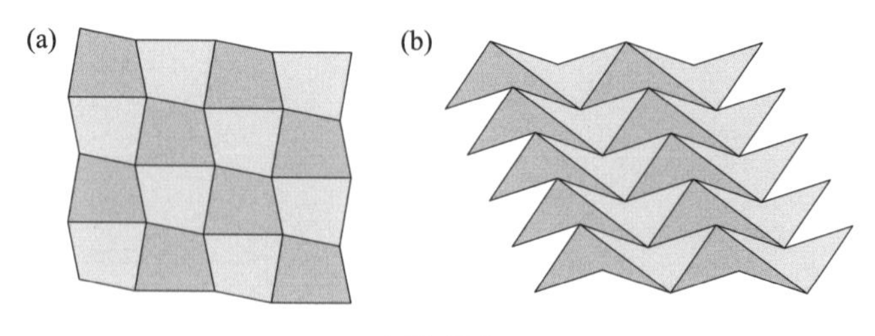

그림 10.8

그림 10.8(a)와 투명한 평행사변형으로 이루어진 격자를 가지고 그림 10.9처럼 다음 정리에 대한 증명을 만들 수 있습니다.

정리 임의의 볼록 사각형 Q의 넓이는 두 변이 Q의 대각선과 길이가 같고 평행한 평행사변형 P 넓이의 $\frac{1}{2}$이다.

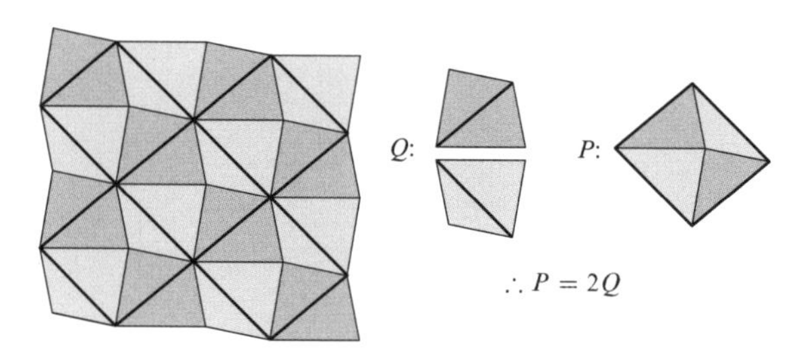

그림 10.9

이 정리는 아마도 일반적인 사각형 넓이를 계산하는 가장 간단한 방법일 것입니다! 실제로 이 정리는 한 대각선이 사각형 밖에 놓이는 오목 사각형에서도 성립합니다. 도전문제 10.2를 참조하기 바랍니다.

10.4 삼각형 타일깔기

사각형처럼 임의의 삼각형을 가지고도 평면 위에 단면 타일깔기가 가능합니다. 다음 정리는 10.2절에 있는 첫 번째 정리의 "삼각형 모양"인데, 삼각형 타일깔기와 삼각형 모양의 격자를 이용해서 그림 10.10처럼 증명할 수 있습니다[Johnston and Kennedy, 1993].

정리 삼각형 각 변을 $\frac{1}{3}$로 내분하는 점과 마주보는 꼭짓점을 이은 선분으로 만들어진 삼각형의 넓이는 원래 삼각형 넓이의 $\frac{1}{7}$이다.

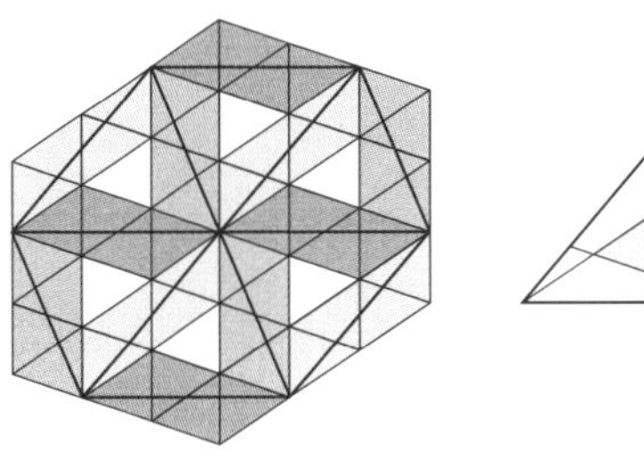
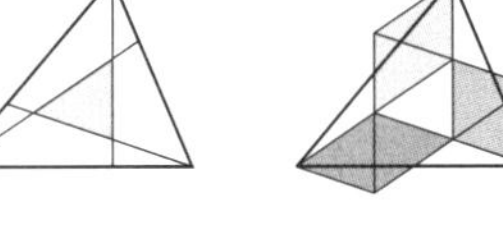

그림 10.10

10.5 정사각형과 평행사변형으로 타일깔기

임의의 평행사변형의 각 변 위에 정사각형을 만듭니다. 이들 정사각형의 중점을 연결해서 생기는 사각형은 어떤 모양일까요? 그림 10.11처럼 이 그림을 타일깔기로 확장해 보면 이 질문에 대답할 수 있습니다[Flores, 1997].

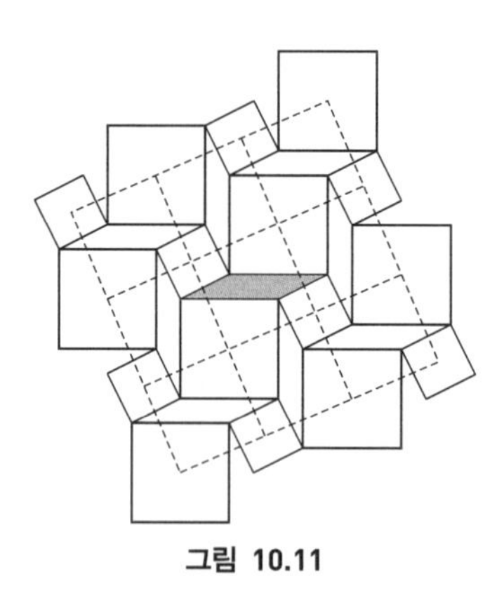

그림 10.11

| 도 | 전 | 문 | 제 |

10.1 그림 10.12처럼 정사각형의 각 꼭짓점에 인접한 꼭짓점에서 마주 보는 꼭짓점까지 거리의 $\frac{1}{3}$ 지점을 연결하는 선분을 그었습니다. 좌표평면 타일깔기를 이용해서 그림에 있는 작은 정사각형의 넓이를 구해 봅시다. $\frac{1}{3}$ 지점이 아니라 $\frac{2}{3}$ 지점을 연결하면 어떻게 바뀔까요? 삼등분점이 아니라 다른 비율로 내분하는 점을 연결하면 어떻게 될까요?

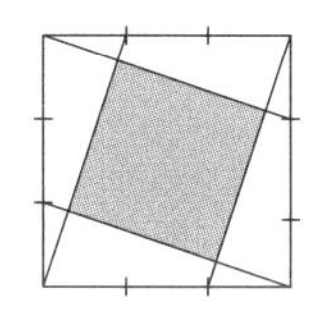

그림 10.12

10.2 그림 10.8(b)에 나온 타일깔기를 이용해서 10.3절의 정리가 오목사각형에서도 성립함을 증명해 봅시다.

10.3 그림 10.5의 타일깔기를 이용해서 "코사인의 차 공식", 즉

$$\cos(\alpha - \beta) = \cos\alpha\cos\beta + \sin\alpha\sin\beta$$

를 증명해 봅시다.

10.4 10.4절의 정리를 도전문제 10.1과 같은 방법으로 일반화시킬 수 있을까요?

10.5 그림 10.13처럼 한 정삼각형이 다른 정삼각형 안에 내접해 있습니다. 정삼각형으로 만들어진 격자를 이용해서 작은 정삼각형의 넓이가 큰 정삼각형 넓이의 $\frac{1}{3}$이 됨을 증명해 봅시다.

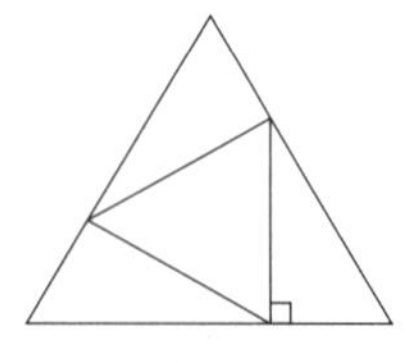

그림 10.13

10.6 삼각형 단면 타일깔기와 투명 격자를 이용해서 아래 그림처럼 삼각형의 중선으로 이루어진 삼각형의 넓이는 원래의 삼각형 넓이의 $\frac{3}{4}$이 됨을 증명해 봅시다.

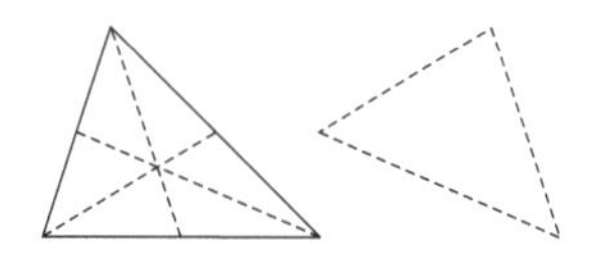

그림 10.14

10.7 아래 그림은 10.5절의 내용을 "삼각형"으로 바꿔 놓은 것입니다. 이 타일깔기를 이용해서 삼각형과 관련된 내용을 찾아낼 수 있을까요? 이것은 나폴레옹의 정리(*Napoleon's theorem*)로 알려져 있는데, 나폴레옹이 이 정리를 만들거나 증명할 만큼 충분한 기하학을 알고 있었는지는 확실하지 않습니다[Coxter and Greitzer, 1967; Coxeter, 1969].

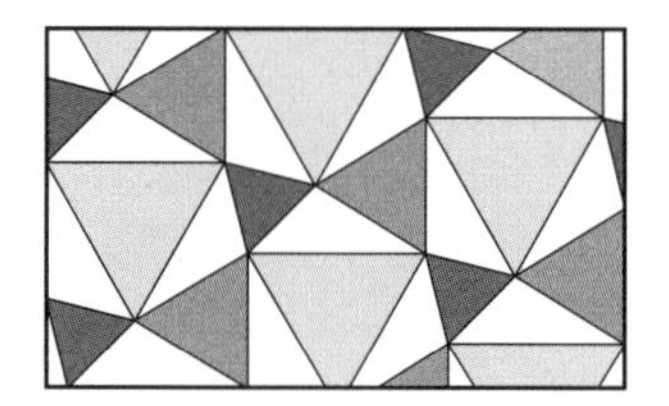

그림 10.15

CHAPTER 11

같은 모양을 여러 번 사용하기

우리는 3장과 4장에서, 같은 모양을 여러 번 사용해서 수식을 간편하게 계산할 수 있는 몇 가지 경우를 살펴보았습니다. 예를 들어, 그림 3.2에서는 $1 + 2 + \cdots + n$을 계산하기 위해 넓이를 나타내는 같은 그림을 두 번 사용해서 그 합이 직사각형 넓이의 반이 된다는 것을 보였고, 그림 4.6에서는 이중합

$$\sum_{i=1}^{n}\sum_{j=1}^{n}(i+j-1)$$

을 계산하기 위해 부피를 나타내는 같은 그림을 두 번 사용해서 그 합이 직육면체 부피의 반이 된다는 것을 보였습니다.

이 장에서는 같은 그림을 세 번 이상 사용해서 이런 기법의 다양한 예를 선보이려고 합니다. 먼저, 앞 부분에 있었던 피타고라스의 정리에 대한 증명에 근거한 삼각함수부터 살펴보겠습니다.

11.1 피타고라스의 정리를 이용한 삼각함수

우리는 6.1절에서 《주비산경》에 나오는 직각삼각형을 네 번 사용한 피타고라스의 정리에 대한 멋진 증명을 살펴보았습니다. 이 증명을 다른 두 삼각형을 여러 번 사용해서 변형하면 사인함수의 합 공식에 대한 증명이 됩니다. 이 증명[Priebe and Ramos, 2002]은 푸비니 원리를 이용해서 검게 칠한 넓이를 계산한 것입니다.

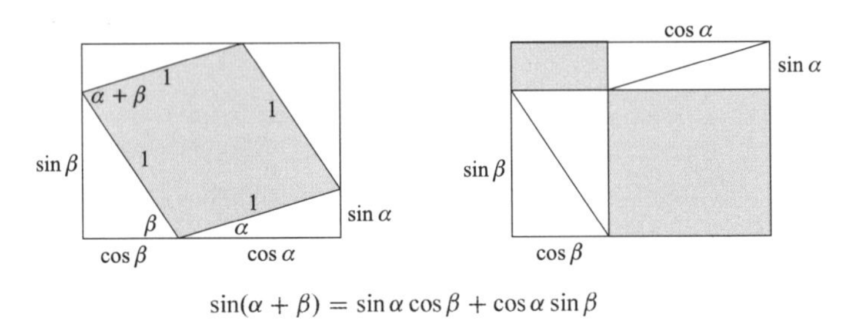

그림 11.1

11.2 다시 보는 홀수의 합

1.1절에서(그리고 도전문제 3.1에서도) 살펴보았듯이 처음 n개의 홀수의 합은 n^2입니다. 여기서 $1+3+\cdots+(2n-1)$을 아래 있는 그림 11.2(a)처럼 단위 정사각형의 "삼각형"으로 나타내면 이 "삼각형" 네 개는 한 변의 길이가 $2n$인 정사각형을 이루게 됩니다.

따라서 $1+3+\cdots+(2n-1)=\dfrac{(2n)^2}{4}=n^2$ 이 됩니다.

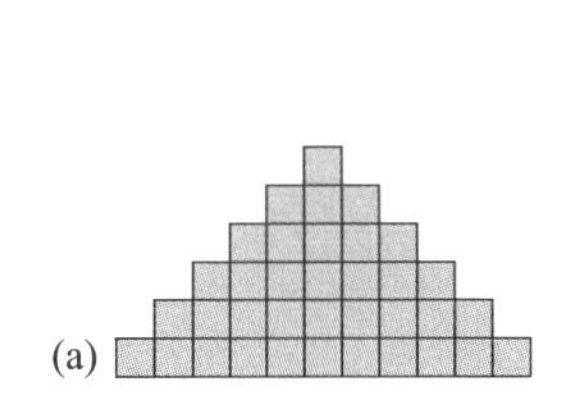
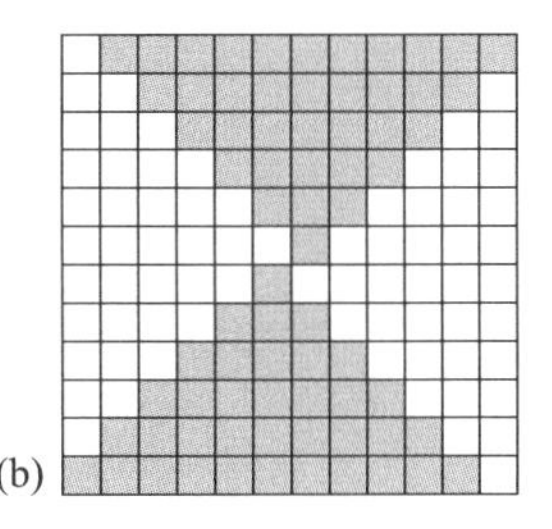

그림 11.2

11.3 다시 보는 제곱수의 합

우리는 3장(그림 3.8)에서 처음 n개의 정수의 제곱의 합에 대한 공식,

$$1^2 + 2^2 + \cdots + n^2 = \frac{n(n+1)(2n+1)}{6}$$

을 넓이를 통해 보이기 위해 $1^2 + 2^2 + \cdots + n^2$의 그림을 세 번 사용해서 직사각형을 만들었는데, 그러기 위해서는 한 무더기의 정사각형을 분해해야 했습니다. $\frac{n(n+1)(2n+1)}{6}$은 n에 대한 3차식이기 때문에 아마도 부피를 나타내는 그림이 적절할 것입니다. 분모가 같은 그림을 여러 번 사용해야 한다는 것을 암시하기 때문에

$$1^2 + 2^2 + \cdots + n^2 = \frac{n\left(n + \frac{1}{2}\right)(n+1)}{3}$$

에 대해 다음과 같은 증명이 생겨났습니다[Siu, 1984].

그림 11.3을 보면 $1^2 + 2^2 + \cdots + n^2$을 나타내는 그림 세 개가 바닥이 직사각형인 입체도형을 이루고 있음을 보게 되는데, 제일 위에 놓인 정육면체들을 반으로 나눠서 옮겨 놓으면 각 변의 길이가 n, $n+1$, $n + \frac{1}{2}$인 직육면체가 됩니다.

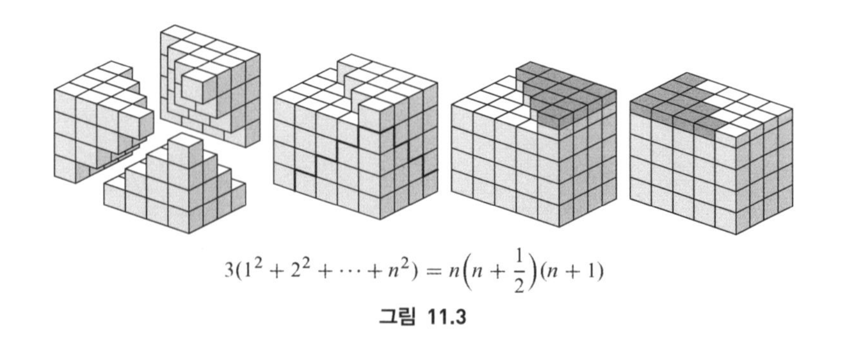

$$3(1^2 + 2^2 + \cdots + n^2) = n\left(n + \frac{1}{2}\right)(n + 1)$$

그림 11.3

11.4 정사각뿔의 부피

위에서 제곱수의 합을 구한 방법과 거의 같은 방법으로 정사각뿔의 부피를 구할 수 있습니다. 그림 11.4처럼 한 변의 길이가 b인 정사각형을 밑면으로 하고 높이가 h인 사각뿔을 P_0라 하겠습니다. 카발리에리의 원리에 의해 P_0는 두 빗면이 밑면에 수직인 사각뿔 P_1과 같은 부피를 가집니다. 사각뿔 P_2는 P_1과 모양이 같지만 높이가 밑변과 같은 b입니다. 그리고 (한 변이 b인 정육면체는 세 개의 P_2로 나눠질 수 있으니) P_2를 세 번 사용해서 정육면체를 만들 수 있습니다.

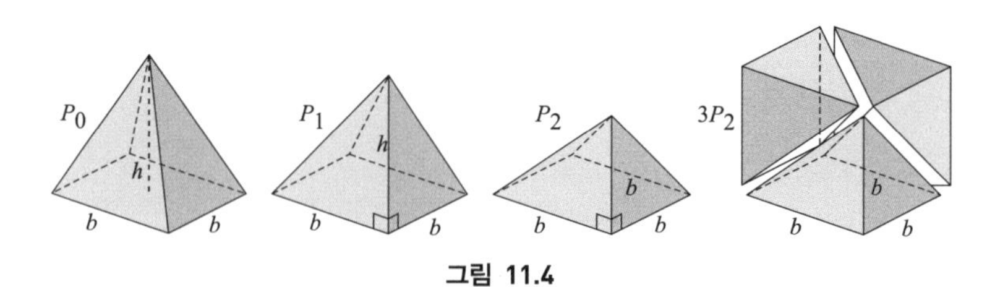

그림 11.4

따라서, $V(P_0) = V(P_1) = \dfrac{h}{b}V(P_2) = \dfrac{h}{b} \cdot \dfrac{1}{3}b^3 = \dfrac{1}{3}b^2h$ 입니다.

| 도 | 전 | 문 | 제 |

11.1 직각삼각형에서 직각의 이등분선은 빗변 위에 그린 정사각형을 이등분함을 증명해 봅시다[Eddy, 1991].

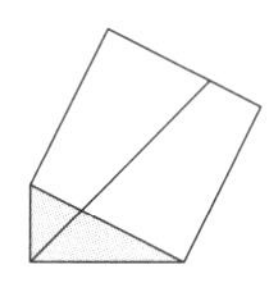

그림 11.5

11.2 그림 11.6을 여러 번 사용해서 처음 n개 자연수의 세제곱의 합은 $\frac{1}{4}\left[n(n+1)\right]^2$임을 증명해 봅시다[Cupillari, 1989; Lushbaugh, 1965].

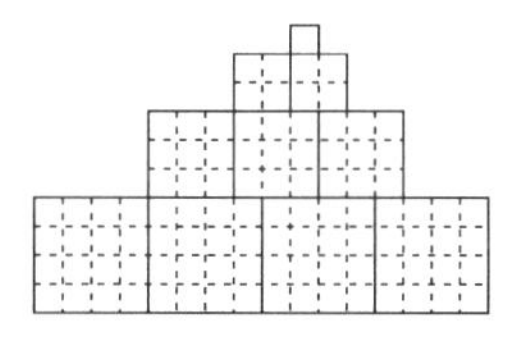

그림 11.6

11.3 11.4절에 나온 방법을 변형해서 그림 11.7 처럼 밑면의 한 변의 길이는 a, 윗면의 한 변의 길이는 b, 높이가 h인 정사각뿔대의 부피는 $\dfrac{h(a^2+ab+b^2)}{3}$임을 증명해 봅시다.

[힌트: $a^2+ab+b^2 = \dfrac{(b^3-a^3)}{(b-a)}$]

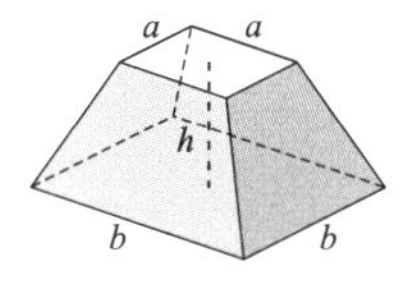

그림 11.7

11.4 그림 11.1을 (표시는 다르게 붙여) 이용해서 "코사인의 차 공식"을 증명해 봅시다(도전문제 10.4 참조).

CHAPTER 12

연속되는 장면을 이용하기

많은 경우, 연속된 그림을 통해 수학적인 개념을 나타낼 수 있습니다. 앞서 4, 8, 11장에서 이런 예들을 조금 살펴보았는데, 이 장에서 이런 기법의 예를 몇 가지 더 살펴보려고 합니다. 연속되는 그림을 사진이나 영화의 한 "장면"으로 생각하거나 인터넷에서 볼 수 있는 자바(Java) 프로그램이라 생각하면 되겠습니다.

12.1 평행사변형의 법칙

평행사변형에서 대각선 길이의 제곱의 합은 변의 길이의 제곱 합과 같다는 사실을 알고 있습니까? 그림 12.1을 봅시다.

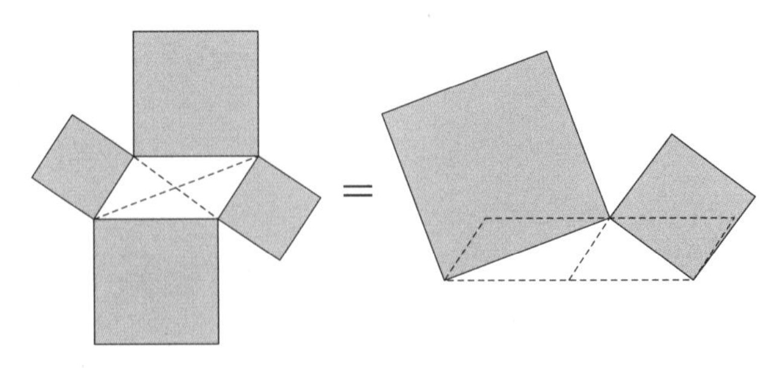

그림 12.1

다음 네 가지 그림은 변 위에 있는 네 개의 정사각형을 등거리변환과 피타고라스의 정리를 이용해서, 각 대각선 위에 있는 정사각형으로 변환하는 과정을 보여줍니다.

여기서, 그림 12.3의 왼쪽 그림에 있는 두 개의 연한 회색 직사각형과 진한 회색 정사각형 하나는 그림 12.4의 오른쪽 그림으로 옮겨진 것입니다.

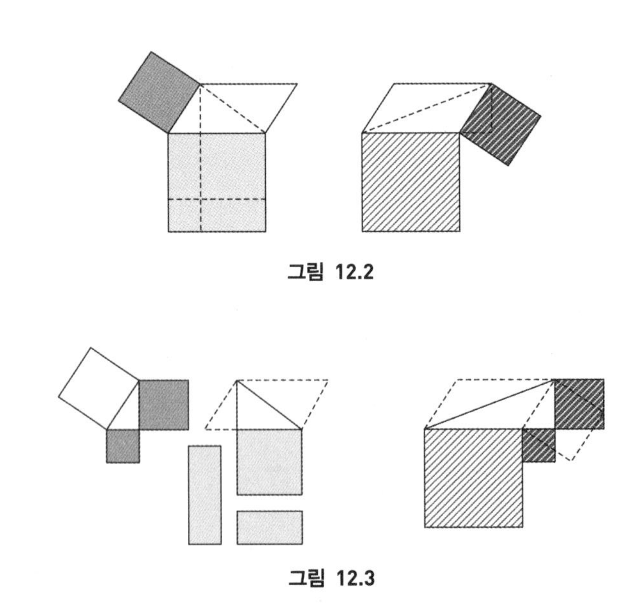

그림 12.2

그림 12.3

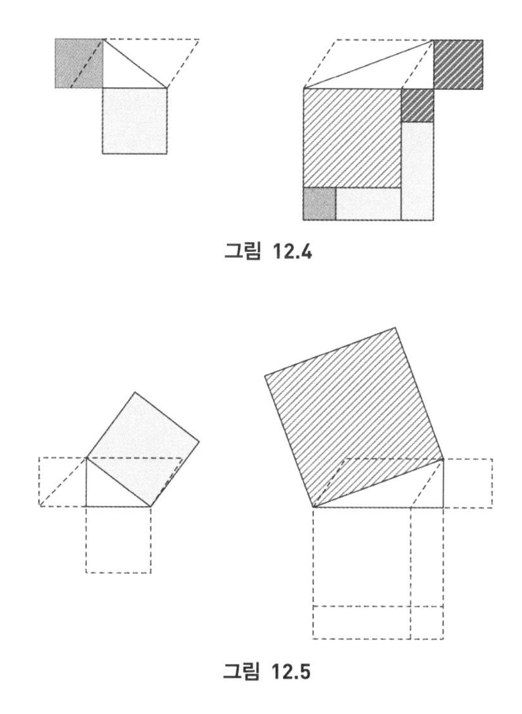

그림 12.4

그림 12.5

12.2 각을 구하는 문제

다음 문제를 생각해 봅시다. 아래 그림처럼 정사각형 안에 정사각형의 세 꼭짓점으로부터 거리가 각각 1, 2, 3인 한 점 P가 있습니다. 길이 1과 2인 선분이 점 P와 만나서 이루는 각은 몇 도일까요?

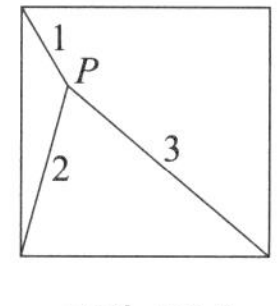

그림 12.6

아마도 이 책을 더 읽기 전에 나름의 해법을 찾고 싶을지도 모르겠습니다. 우리가 여기서 제시한 해법은 머레이 클람킨(Murray Klamkin)이 고안한 것으로 그림 12.7처럼 정사각형 그림을 하나 더 그려서 반시계방향으로 90° 회전시킨 다음 원래 정사각형의 왼쪽에 붙여 놓은 것입니다.

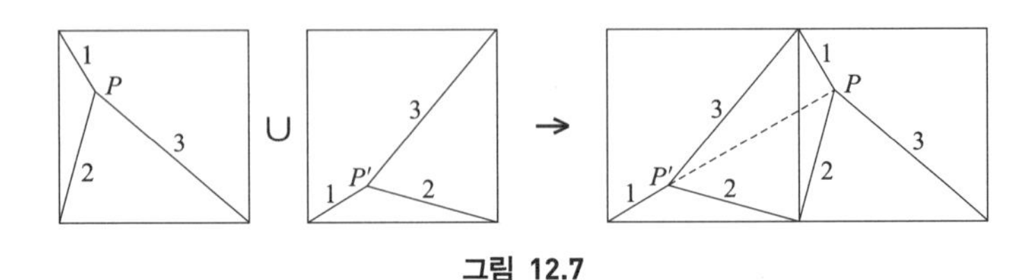

그림 12.7

길이가 2인 두 선분은 수직이기 때문에 길이가 $2\sqrt{2}$인 PP'을 빗변으로 하는 직각 이등변삼각형이 만들어집니다. 그런데, 길이가 $1, 2\sqrt{2}, 3$인 선분도 또한 직각삼각형을 만들기 때문에 길이가 1과 2인 선분과 점 P가 이루는 각도는 $45° + 90° = 135°$입니다.

12.3 행렬식

원점을 시점으로 하는 평면 위의 두 벡터의 종점이 각각 (a, b)와 (c, d)일 때, 이 두 개의 벡터로 이루어지는 평행사변형의 넓이는 이 벡터의 종점으로 이루어진 행렬의 행렬식의 절댓값이 됩니다. 그림 12.8을 봅시다.

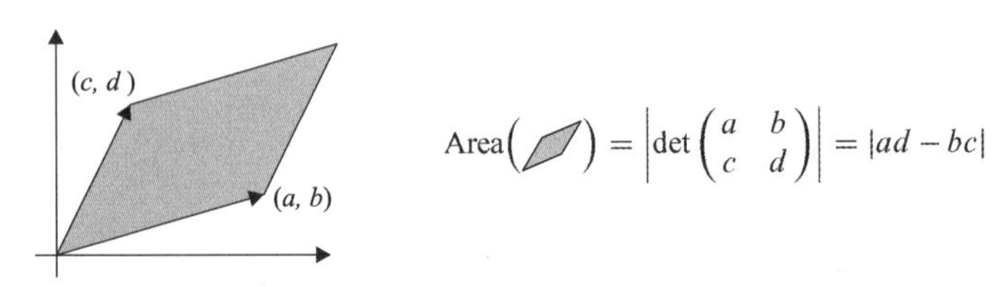

그림 12.8

그림 12.9는 등거리변환과 빗금 친 부분의 넓이를 빼는 과정이 담긴 두 장면을 이용해서 이 사실을 증명한 것입니다(여기서 평행사변형은 1사분면에 있다고 가정한 것입니다) [Golomb, 1965].

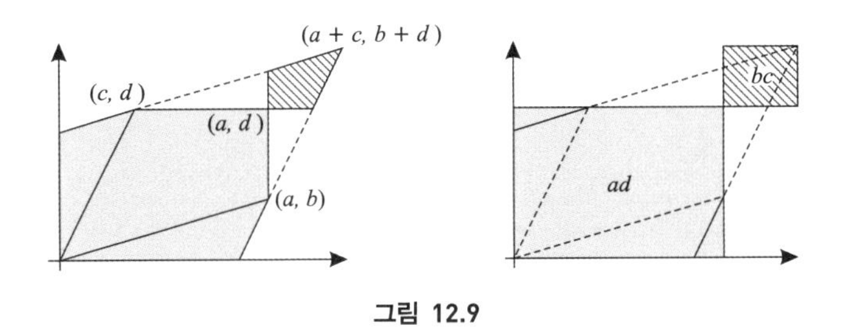

그림 12.9

왼쪽 장면은 제일 긴 변이 각각 (a, b)와 $(a+c, b+d)$를 잇는 선분과 (c, d)와 $(a+c, b+d)$를 잇는 선분인 두 개의 삼각형을 좌표축에 붙이는 과정입니다. 오른쪽 장면은 직사각형을 완성하기 위해 작은 삼각형들을 더하고 빼는 과정입니다.

| 도 | 전 | 문 | 제 |

12.1 그림 12.10처럼 평면 위에 주어진 한 삼각형에서 각 변 위에 정사각형을 만들고 인접하는 정사각형의 꼭짓점을 이어서 삼각형 세 개를 그립니다. 이 새로운 삼각형은 각각 원래의 삼각형과 넓이가 같음을 증명해 봅시다. [힌트: 새로이 만들어진 삼각형을 이 삼각형이 원래의 삼각형과 만나는 점을 중심으로 반시계방향으로 회전시켜 봅시다.]

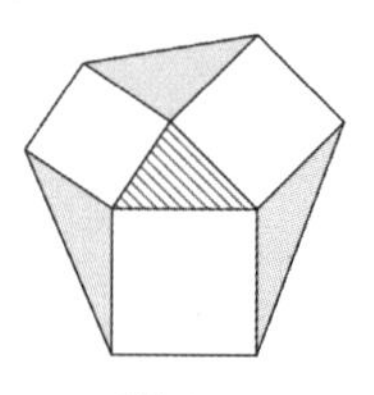

그림 12.10

12.2 그림 12.11처럼 정사각형 안에 정사각형의 세 꼭짓점으로부터 거리가 각각 1, $\sqrt{3}$, $\sqrt{5}$인 한 점 Q가 있습니다. 길이 1과 $\sqrt{3}$인 선분이 점 P와 만나서 이루는 각은 몇 도일까요?

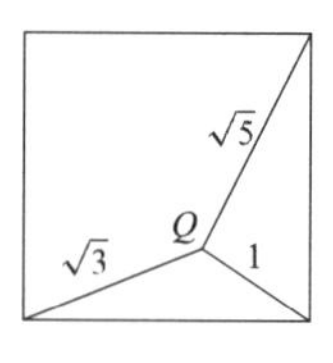

그림 12.11

12.3 12.3절에서 벡터의 종점 $(a, b), (c, d)$가 어떤 사분면에 위치해도 성립한다는 것을 증명해 봅시다.

CHAPTER 13

그림을 분해하기

그림을 분해하는 것은 오래전부터 수학 퍼즐에 자주 등장하는 내용으로, 일반적으로 문제에 따라 그림을 조각낸 다음 다시 배열해서 다른 모양을 만드는 과정을 포함합니다. 샘 로이드(Sam Loyd, 1841~1911)는 이런 재미있는 수학 퍼즐을 많이 만들어 냈습니다. 그림 13.1에 있는 "의자가마"가 한 예로서, "의자가

그림 13.1

마를 가능한 한 적게 조각을 내어 정사각형 모양을 만들어서 하인들이 상자를 들고 가는 것처럼 보이게끔 만들라"는 문제입니다(이 장 끝에 나오는 도전문제 13.1 참조). 2부에 나오는 "탱그램(tangram)" 퍼즐도 그림을 분해하는 문제입니다.

그림을 분해하고 다시 짜 맞추는 과정을 통해 넓이를 보존하는 변환을 눈으로 볼 수 있습니다. 예를 들어 그림 10.2(b)와 10.3(b)는, J. E. Böttcher와 유휘(Liu Hui)가 각각 고안한 그림 13.2에 있는 두 그림 [Nelsen, 2000b]처럼 피타고라스의 정리에 대한 "분해된 증명"을 보여주는데, 삼각형의 두 변 위에 있는 정사각형이 분해되어 빗변 위에 있는 정사각형으로 재배열된 것입니다.

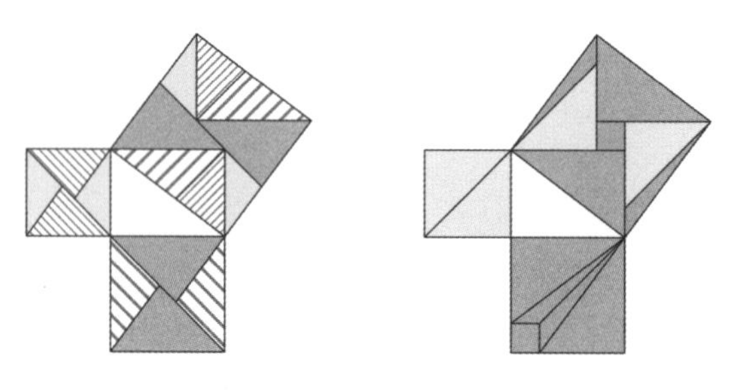

그림 13.2

13.1 교묘하게 나누기

그림을 분해하는 간단한 문제를 하나 다뤄봅시다. 한 정사각형의 $\frac{3}{4}$에 해당되는 "L"자 모양으로 생긴 그림을 각각 2, 3, 4, 8, 12개의 합동인 모양으로 나누는 문제인데, 해답은 그림 13.3에 나와 있습니다.

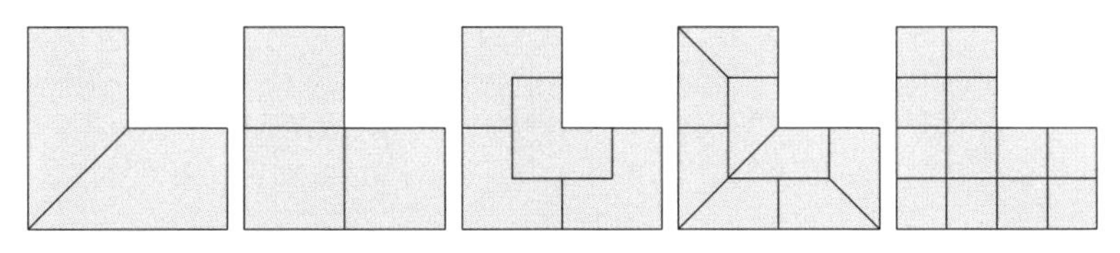

그림 13.3

이어지는 자연스러운 질문은 "L"자 모양의 그림이 (2, 3, 4, 8, 12를 제외하고) 또 어떤 n개의 합동인 모양으로 나눠질 수 있느냐는 것입니다. 이것은 도전문제 13.3에서 다룰 것입니다. 주의할 점은 그림이 불규칙적이거나 가운데 구멍이 있는 경우 위에서 말한 대로 나누기 어려울 수 있습니다. 그림 13.4의 왼쪽에 있는 모양을 두 개의 합동인 조각으로 나눠야 될 경우가 그런 예가 되겠습니다. 오른쪽 그림이 한 가지 방법입니다.

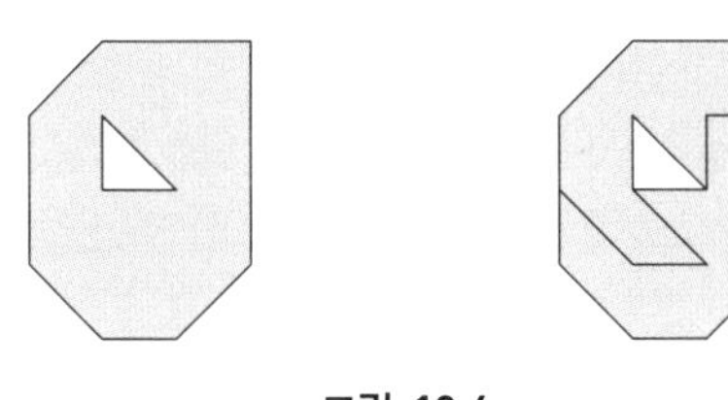

그림 13.4

13.2 "건방진 녀석"의 퍼즐

샘 로이드의 또 다른 유명한 퍼즐입니다. 그림 13.5는 정사각형에서 직각 이등변삼각형을 잘라 만든 오목 오각형입니다.

그림 13.5

로이드의 문제는 이 그림을 네 조각으로 나눠서 정사각형을 만드는 것입니다. 그림 13.6은 로이드의 해답입니다.

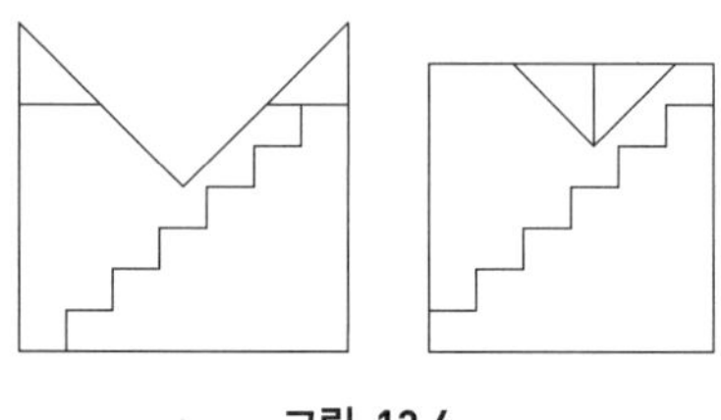

그림 13.6

그런데, 이 해답은 틀렸습니다. 조금 계산해 보면 오른쪽의 "정사각형"은 사실 직사각형임을 알 수 있습니다. 실제로 아직까지 네 조각으로 정사각형을 만들어 낸 해답은 알려져 있지 않습니다. 헨리 어니스트 듀드니는 그림 13.7에 나와 있는 대로 이 문제에 대해 다섯 조각으로 된 멋진 해답을 구했습니다.

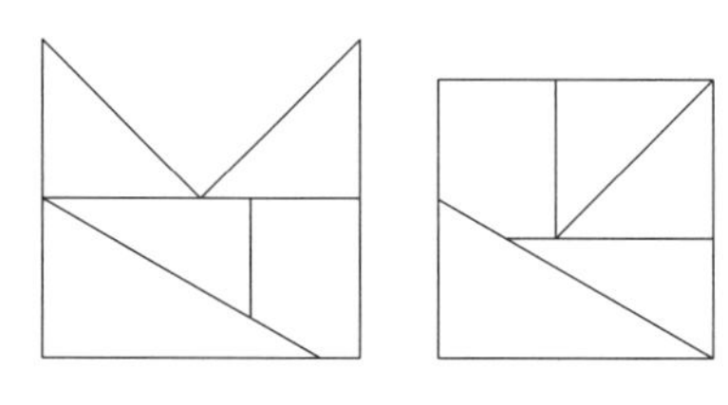

그림 13.7

13.3 정십이각형의 넓이

단위원의 넓이는 π이고 그 둘레는 2π이기 때문에 단위원에 내접하는 정다각형의 넓이는 π보다 작고, 그 둘레는 2π보다 작습니다. 아르키메데스는 한 원에 내접하는 정 6, 12, 24, 48, 96각형과 외접하는 정 6, 12, 24, 48, 96각형을 그려서 π가 $3\frac{10}{71}$과 $3\frac{1}{7}$ 사이의 수임을 알아내었습니다. 아르키메데스는 내접하는 정 $2n$각형의 넓이는 내접하는 정 n각형의 둘레의 반과 그 수치가 같다는 사실을 이용했습니다. 예를 들어 단위원에 내접하는 정육각형의 둘레는 6이고 내접하는 정십이각형의 넓이는 3입니다. 그림을 분해하는 방법으로 이를 증명한 J. Mürschák의 그림이 아래에 나와 있습니다 [Honsberger, 1985].

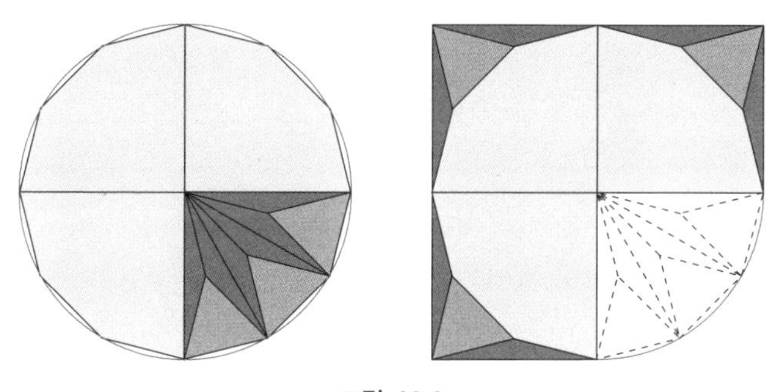

그림 13.8

평면을 분해해서 수학적인 사실을 파악하는 데에 관심이 더 많은 사람들은 G. Frederickson의 책 [Frederickson, 1997 & 2002]를 참조하시기 바랍니다.

| 도 | 전 | 문 | 제 |

13.1 그림 13.9는 샘 로이드의 유명한 "의자가마" 퍼즐(그림 13.1)을 그린 것입니다. 의자가마를 가능한 한 적게 조각을 내어서 정사각형 모양을 만들어 봅시다. [힌트: 답은 두 조각입니다!]

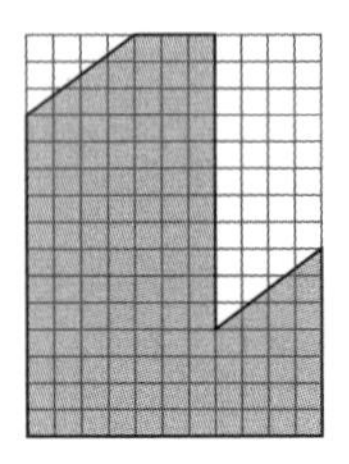

그림 13.9

13.2 "건방진 녀석"의 퍼즐에 대한 로이드의 해답(그림 13.6)이 잘못되었음을 증명해 봅시다.

13.3 한 정사각형의 $\frac{3}{4}$에 해당되는 "L"자 모양의 그림(그림 13.10)이 이 그림과 닮은 모양으로 9, 16, 25 등분될 수 있음을 나타내어 봅시다.

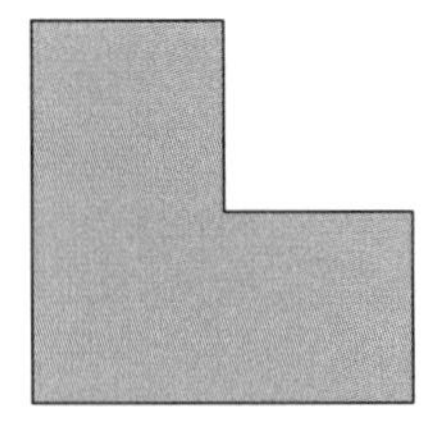

그림 13.10

13.4 세 개의 정삼각형으로 만들어진 사다리꼴(그림 13.11)이 이 그림과 닮은 모양으로 4, 9, 16, 25 등분될 수 있음을 나타내어 봅시다.

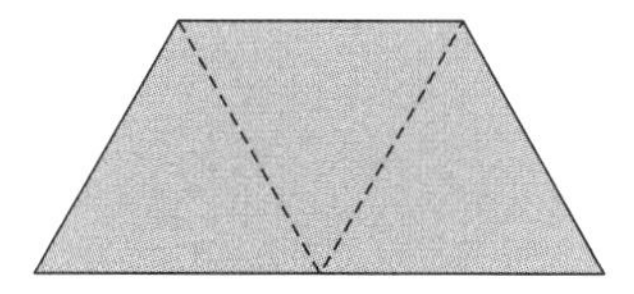

그림 13.11

13.5 한 변의 길이가 각각 3 cm, 4 cm인 두 정삼각형을 분해해서 한 변의 길이가 5 cm인 정삼각형을 만들어 봅시다.

CHAPTER 14

움직이는 틀을 이용하기

수십 년 동안 함수 그래프의 개형을 그리는 일은 수업시간에 수학을 눈으로 볼 수 있게 표현하는 흔한 방법이었습니다. 종이 위에나 칠판에 손으로 그리는 일은 다소 지루하지만, 오늘날에는 계산기나 컴퓨터를 사용해서 보다 정교한 그래프를 빠르고 효율적으로 그릴 수 있습니다.

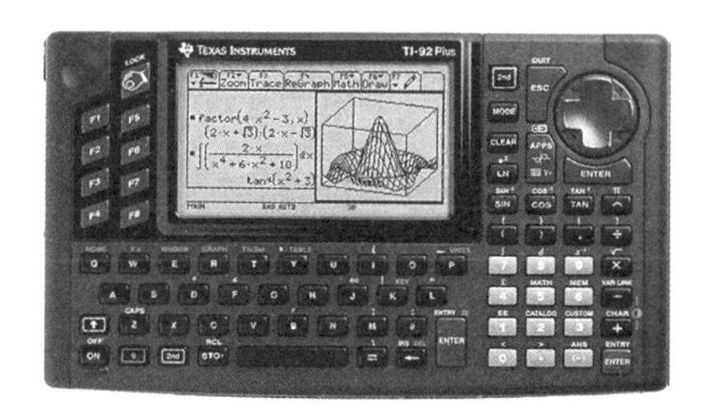

그림 14.1

이 책을 읽는 독자들이 함수를 그리는 이런 도구에 익숙하다고 가정하겠습니다. 이 장에서는 함수의 중요한 성질들을 그림으로 보면 더 잘 이해할 수도 있다는 것을 보일 것입니다.

14.1 함수의 합성

두 함수 f, g의 합 $f + g$와 곱 $f \cdot g$란 수 a에 대해서 각각 $f(a) + g(a)$의 값과 $f(a) \cdot g(a)$의 값을 대응시키는 연산입니다. 이러한 두 함수 사이의 연산 중에서 가장 강력한 것은 두 함수의 합성입니다. g의 치역이 f의 정의역에 포함된다고 가정하면 $(f \circ g)(a) = f(g(a))$로 정의되는 합성함수 $f \circ g$를 생각해 볼 수 있습니다. 여기서 우리가 도전하려고 하는 것은 f와 g의 그래프가 주어졌을 경우 $f \circ g$의 그래프를 그릴 수 있느냐는 것입니다. 이 문제는 한 함수를 자기 자신과 계속해서 합성하는 특수한 경우도 포함하는 것입니다.

그림 14.2에 요약되어 있는 방법은 [Menger, 1952]에 나와 있는 것입니다. 점 a에서 시작해서 $y = g(x)$의 그래프를 이용하여 $g(a)$를 y축에 표시한 뒤, $y = x$의 그래프를 이용하여 $g(a)$를 x축에도 표시합니다. 이제, $y = f(x)$의 그래프를 이용해서 $f(g(a))$의 값을 구한 다음에 이를 평행이동시켜 점 $(a, 0)$ 위에 오게끔 하면 그 점이 바로 $(a, f(g(a)))$가 됩니다. 그림 14.1에서 볼 수 있듯이 한 모퉁이는 대각선 $y = x$ 위에 있고 여기에 인접하는 두 모퉁이는 함수 f와 g 위에 있으며 나머지 한 모퉁이는 $f \circ g$ 위에 있는 "움직이는 틀"이 있습니다.

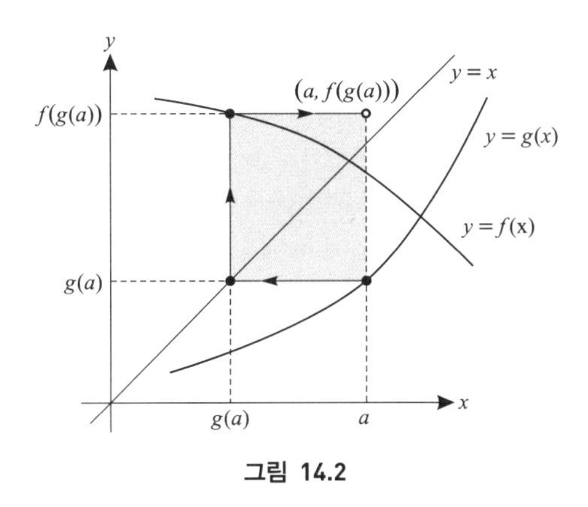

그림 14.2

특히, 이 방법을 이용해서 일대일 함수 g의 역함수 g^{-1}을 찾을 수 있습니다. g의 정의역에 있는 임의의 x에 대해 $(g^{-1} \circ g)(x) = x$이므로 $(a, g^{-1}(g(a))) = (a, a)$가 됩니다. 따라서 g^{-1}은 왼쪽 아래 모퉁이와 오른쪽 위 모퉁이가 모두 대각선 위에 있는 움직이는 틀을 형성하게 됩니다. 이 틀은 정사각형이어야 하니까 g^{-1}은 g와 대각선 $y = x$에 대해 대칭이 됩니다.

14.2 립쉬츠 조건

함수 f의 정의역에 있는 임의의 x_1, x_2에 대해서

$$|f(x_2) - f(x_1)| \leq M\,|x_2 - x_1|$$

을 만족시키는 상수 $M > 0$이 존재하면 함수 f가 립쉬츠 조건(*lipschitz condition*)을 만족시킨다고 말합니다. 이것은 함수 f의 그래프 전체에 해당되는 조건으로서 함수의 연속을 암시하는 것입니다. 이 립쉬츠 조건

을 "보려면" Miguel de Guzmán[de Guzmán, 1996]의 아이디어를 따라 한 쌍의 직선 $y = Mx$와 $y = -Mx$를 생각해 보기로 하겠습니다. 위의 조건은

$$\left|\frac{f(x_2) - f(x_1)}{x_2 - x_1}\right| \leq M$$

으로 다시 나타낼 수 있는데, 이는 점 $(a, f(a))$에 대해서 f의 그래프 전체는 직선 $y = f(a) + M(x - a)$와 $y = f(a) - M(x - a)$ 사이에 놓인다는 뜻이 됩니다. 따라서 직선 $y = Mx$와 $y = -Mx$의 그래프를 (두 직선의 교점이 함수 f 위에 있게끔) 함수 f의 그래프를 따라 움직이면 그림 14.3처럼 f의 그래프는 언제나 두 직선 사이의 검게 칠하지 않은 영역에 놓이게 됩니다.

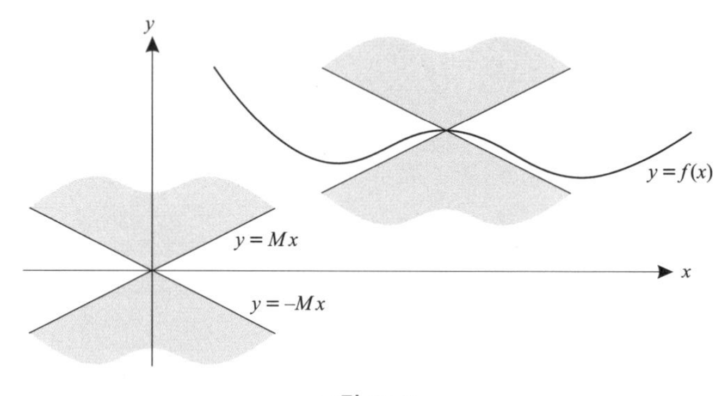

그림 14.3

수업을 위한 의견. 직선 $y = \pm Mx$를 투명한 종이 위에 그려서(화면 위에나 칠판 위에 있는) 함수의 그래프 사이를 움직이게 하면 립쉬츠 조건을 보일 수 있을 것입니다.

14.3 균등 연속

연속함수 f에서 임의의 $\varepsilon > 0$에 대해 $[-\delta, \delta] \times [-\varepsilon, \varepsilon]$인 직사각형을 만들어서 그 직사각형의 중심이 $(a, f(a))$이게끔 움직일 때마다 x좌표가 a로부터 δ 이상 떨어져 있지 않은 함수 f 위의 모든 점은 이 직사각형 안에 존재하게끔 하는 $\delta > 0$를 찾을 수 있다고 가정합시다(그림 14.4).

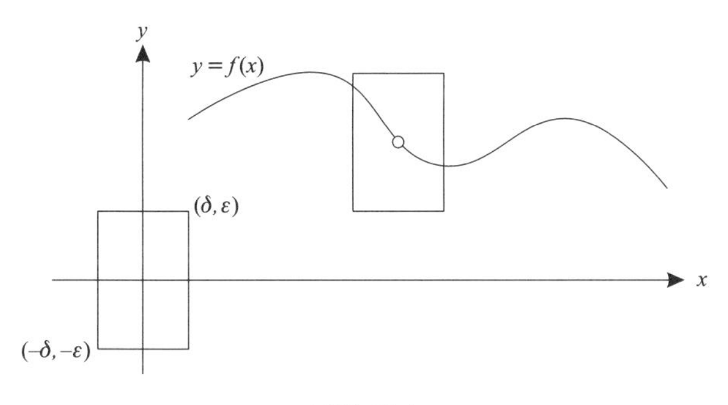

그림 14.4

이런 특별한 조건(직사각형의 밑변이 직사각형의 높이에 따라 변할 뿐 a값에 영향을 받지 않는)이 성립될 때 함수 f가 정의역에서 **균등연속**(*uniformly continuous*)이라고 합니다.

주의: 연속과 균등연속. 연속(*continuity*)이라는 표현은 국부적입니다. 함수 f가 점 a에서 연속한다는 뜻은 임의의 $\varepsilon > 0$에 대해 $|x - a| < \delta$이면 항상 $\left|f(x) - f(a)\right| < \varepsilon$이 되는 $\delta > 0$가 존재한다는 뜻입니다. 위에서 언급한 움직이는 직사각형으로 표현하자면, 이 경우에는 직사각형의 밑변이 높이와 중심점인 a에 모두 영향을 받을 수 있다는 뜻입니다.

| 도 | 전 | 문 | 제 |

14.1 a) 14.1절에 있는 함수를 합성하는 과정을 수정해서 자기 자신을 합성하는 과정, 즉 주어진 함수 $y = f(x)$와 숫자 a에 대해서 $f(a)$, $f(f(a))$, $f(f(f(a)))$ 등을 나타내어 봅시다.

b) 특별히 $f(x) = \sqrt{2+x}$이고 $a = 0$이면

$$\sqrt{2+\sqrt{2+\sqrt{2+\cdots}}} = 2$$

가 됨을 나타내어 봅시다.

14.2 함수 f의 정의역에 있는 임의의 x, y에 대해서

$$f(x+y) \leq f(x)+f(y)$$

를 만족하면 준가법적(*subadditive*)이라고 합니다. 이를 그림으로 나타내어 봅시다.

14.3 연속함수 f가 f의 정의역에 있는 임의의 x, y에 대해서

$$f\left(\frac{x+y}{2}\right) \leq \frac{f(x)+f(y)}{2}$$

를 만족하면 볼록(*convex*)이라고 합니다. 그림으로 볼 때 볼록이라는 말은 어떤 의미일까요?

14.4 f를 연속함수라고 합시다. 이 함수가 단조증가하는지 단조감소하는지를 알아보기 위해 어떤 움직이는 틀을 만들면 좋을까요?

CHAPTER 15

반복되는 과정을 이용하기

이 장에서 사용할 방법은 같은 모양을 여러 번 사용하는 것(11장 참조)과 밀접한 관련이 있는데, 전체 그림을 축소하거나 확대한 모양을 여러 번(때로는 무한히 많이) 사용하는 것입니다. 예를 들어, 그림 15.1(a) 정사각형의 오른쪽 위의 $\frac{1}{4}$에 해당하는 부분은 전체 정사각형의 축소판입니다. 큰 정사각형의 한 변의 길이를 1이라고 하고 내부에 놓인 직사각형들의 넓이를 표시하면, 그림 15.1(b)와 같이 공비가 $\frac{1}{2}$인 무한등비급수의 합

$$\frac{1}{2} + \frac{1}{4} + \frac{1}{8} + \cdots = 1$$

에 대한 증명을 얻게 됩니다.

이 장에서는 이런 아이디어를 다루도록 하겠습니다.

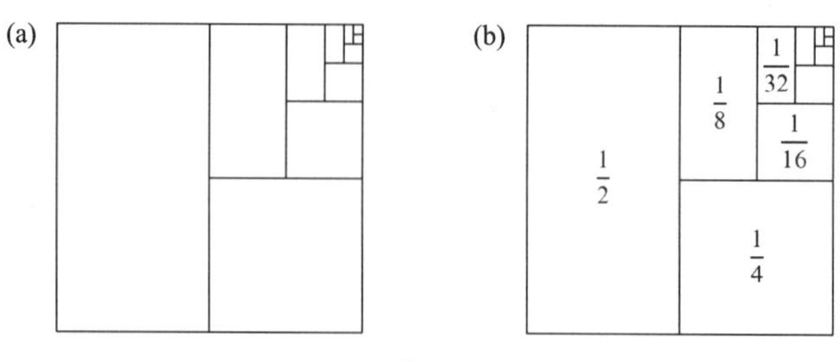

그림 15.1

15.1 무한등비급수

여기 무한등비급수

$$\frac{1}{4}+\left(\frac{1}{4}\right)^2+\left(\frac{1}{4}\right)^3+\cdots$$

의 합이 $\frac{1}{3}$임을 보여주는 두 개의 그림이 있습니다[Marby, 1999; Ajose, 1994]. 그림 15.2(a)에서 진한 회색의 제일 큰 삼각형의 넓이는 원래의 삼각형 넓이의 $\frac{1}{4}$이며, 그 다음 큰 것은 원래 삼각형의 $\frac{1}{4}$의 $\frac{1}{4}$이 되는 식으로 구성되어 있는데, 진한 회색 삼각형 전체는 (하얀 삼각형 전체와 연한 회색인 삼각형 전체와 같이) 원래의 삼각형 넓이의 $\frac{1}{3}$입니다. 그림 15.2(b)에서는 정사각형을 이용해서 같은 내용을 보인 것입니다.

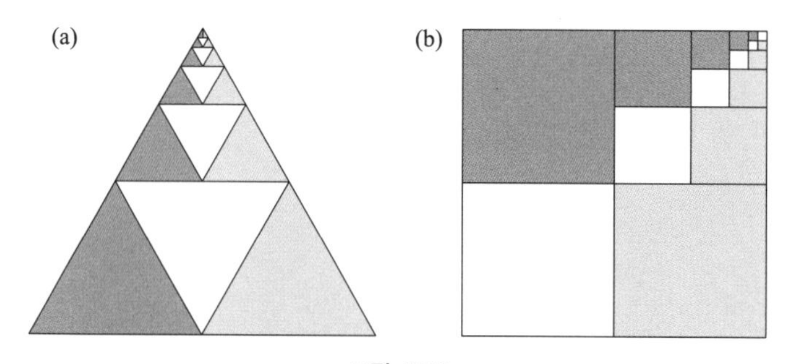

그림 15.2

이 아이디어는 (첫 항이 양수 a이고 공비가 r인) 일반적인 무한등비급수의 합의 공식을 보이는 데 사용할 수 있습니다[Bivens and Klein, 1988]. 그림 15.3을 보면 큰 하얀 삼각형이 반복되는 과정을 통해 무수히 많은 닮은 사다리꼴로 나누어져 있습니다. 검게 칠한 삼각형과 큰 하얀 삼각형은 닮았기 때문에 각 삼각형에서 수평인 변 대 수직인 변의 비율이 같게 됩니다. 따라서

$$\frac{a + ar + ar^2 + ar^3 + \cdots}{1} = \frac{a}{1 - r}$$

가 성립합니다.

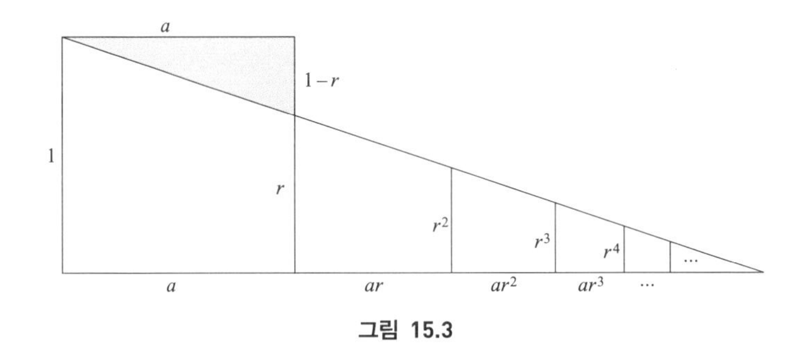

그림 15.3

15.2 반복 과정을 통해 그림을 키우기

주어진 그림의 축소판을 계속 그리기보다 반복 과정을 이용해서 그림을 확대(*enlarge*)할 수도 있습니다. 그림 15.4(a)의 $4^2 = 16$개의 점이 찍힌 정사각형은 같은 그림 세 개를 위쪽과 오른쪽에 붙여서 그림 15.4(b)처럼 $4^3 = 64$개의 점이 찍힌 정사각형으로 "키웠고", 같은 방법으로 그림 15.4(c)처럼 $4^4 = 256$개의 점이 찍힌 정사각형으로 "키운" 것입니다[Sher, 1997].

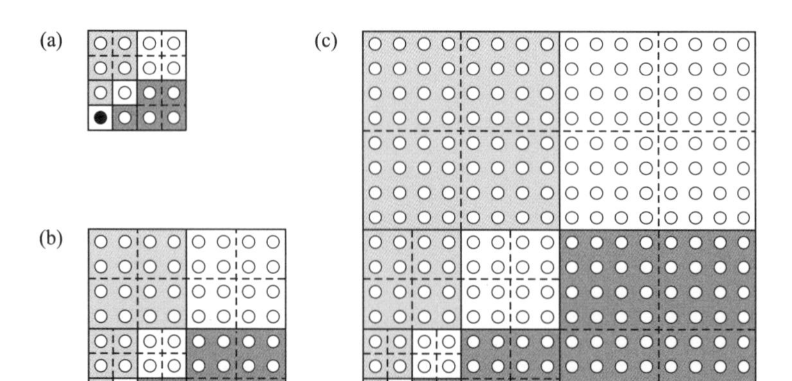

그림 15.4

이 과정을 n번 반복하면, 정사각형의 한 변의 길이는

$$1 + 1 + 2 + 4 + \cdots + 2^n = 2^{n+1}$$

이 되고 정사각형 안에 찍힌 점들은

$$1 + 3\left(1 + 4 + 4^2 + \cdots + 4^n\right) = \left(2^{n+1}\right)^2 = 4^{n+1}$$

이 되므로,

$$1 + 4 + 4^2 + \cdots + 4^n = \frac{4^{n+1} - 1}{3}$$

이 성립합니다.

n이 2의 거듭제곱일 때의 삼각수의 합 $T_n = 1 + 2 + \cdots + n$(1.2절 참조)을 구하는 데도 이와 비슷한 방법을 쓸 수 있습니다. 예를 들어, 그림 15.5의 제일 오른쪽에 있는 그림은

$$3\left(T_1 + T_2 + T_4 + T_8\right) + 3 = T_{17}$$

즉,

$$T_1 + T_2 + T_4 + T_8 = \frac{1}{3}T_{17} - 1$$

을 나타냅니다.

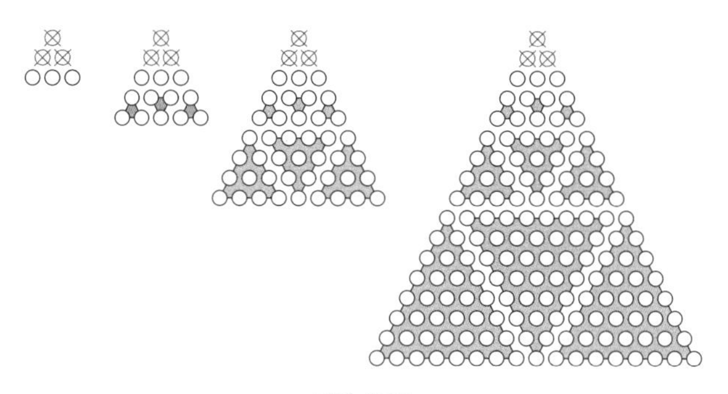

그림 15.5

이런 식으로 계속해 나가면

$$\sum_{k=0}^{n} T_{2^k} = T_1 + T_2 + T_4 + \cdots + T_{2^n} = \frac{1}{3}T_{2^{n+1}+1} - 1$$

을 얻게 됩니다.

15.3 접선이 없는 곡선

거의 모든 미적분학 교과서를 보면 특정한 점에서 접선이 없는 함수의 예가 몇 가지 나옵니다. 대표적인 예가 절댓값 함수인

$$y = |x| \text{와 } y = \begin{cases} 0 & (x = 0) \\ x\sin\left(\frac{1}{x}\right) & (x \neq 0) \end{cases}$$

인데, 두 함수는 모두 원점에서 접선이 없습니다. 그런데, 반복 과정을

이용하면 모든 점에서 접선이 없는 곡선을 쉽게 그릴 수 있습니다. 아래 나와 있는 예는 칼 멩거(Karl Menger)가 1952년에 시카고 과학 및 산업 박물관에 열린 쌍방향 기하학 전시회에 내놓은 〈*You Will Like Geometry*〉라는 소책자에 실린 것을 [Schweizer et al., 2003]에서 다시 발간한 것입니다.

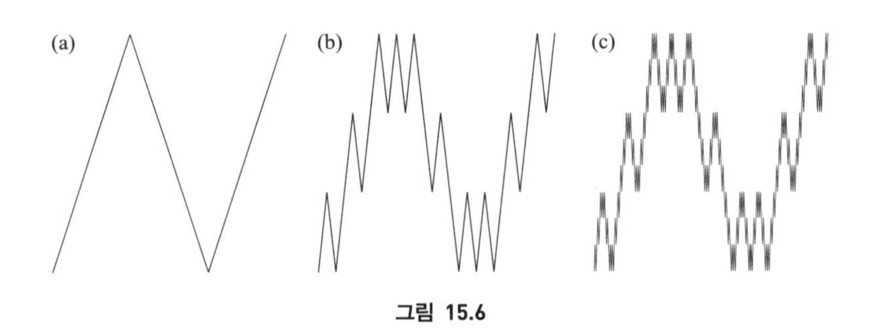

그림 15.6

그림 15.6(a)에 있는 *N*자 모양의 곡선에서 각 변을 3개의 *N*으로 바꾸어 그림 15.6(b)처럼 9개의 *N*으로 이루어진 모양을 만듭니다. 그리고 그림 15.6(c)처럼 다시 각각의 *N*을 9개의 *N*으로 바꾸어 81개의 *N*으로 이루어진 모양을 만듭니다. 이런 과정을 반복하면 좀더 뾰족한 모습으로 계속 바뀌게 되는데, 그 극한값은 결국 어떤 점에서도 접선이 없는 곡선이 됩니다. 멩거가 소책자에 써 놓은 것처럼 접선이 없는 곡선은 바이에르슈트라스(Weierstrass)가 1870년경 처음 발명한 것입니다. 그 당시에는 이런 곡선을 예외적인 것으로 여겼지만, 오늘날에는 접선이 하나도 없는 곡선이 접선이 있는 곡선보다 더 많다는 것이 알려져 있습니다.

비슷한 반복 과정이 시에르핀스키의 카펫, 반슬리의 양치류, 코흐의 눈꽃, 멩거의 스펀지 등 프랙탈(fractal)을 만들 때 자주 사용됩니다.

| 도 | 전 | 문 | 제 |

15.1 그림 15.1, 15.2와 비슷한 그림을 이용해서 다음을 나타내어 봅시다.

(a) $\frac{1}{3}+\left(\frac{1}{3}\right)^2+\left(\frac{1}{3}\right)^3+\cdots=\frac{1}{2}$

(b) $\frac{1}{5}+\left(\frac{1}{5}\right)^2+\left(\frac{1}{5}\right)^3+\cdots=\frac{1}{4}$

15.2 아래 그림이 나타내는 무한급수(와 그 합)는 무엇일까요?

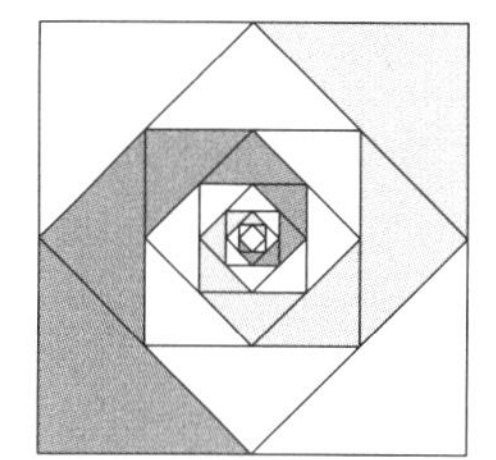
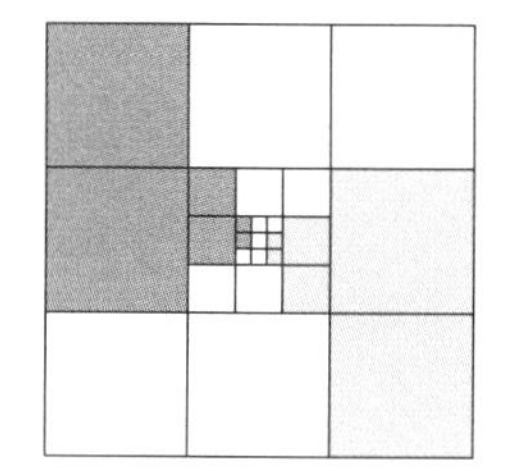

그림 15.7

15.3 아래 그림 [Sher, 1997]을 이용해서

$$1+3+3^2+\cdots+3^n=\frac{3^{n+1}-1}{2}$$

을 나타내어 봅시다.

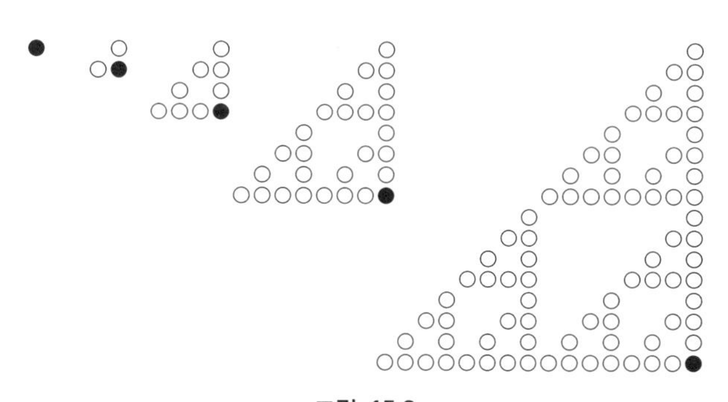

그림 15.8

15.4 황금비율 $\phi = \dfrac{1+\sqrt{5}}{2}$는 등식 $\phi^2 = \phi + 1$을 만족시킨다는 사실을 이용해서 자와 컴퍼스를 가지고 길이가 ϕ^n $(n \geq 1)$인 선분을 그리는 반복 과정을 만들어 봅시다.

15.5 그림 15.5와 비슷한 그림을 가지고

$$T_1 + T_3 + T_7 + \cdots + T_{2^n-1} = \frac{1}{3}T_{2^{n+1}-2}$$

를 나타내어 봅시다.

CHAPTER 16

색깔을 이용하기

우리는 가끔 심미적인 이유로 때로는 구분하기 위해서 수학적인 그림에 색칠을 할 때가 있습니다. 이 장에서는 색깔(흑백만 사용할 수도 있고 검은 농도를 여러 가지로 한 것일 수도 있습니다)을 사용해서 주장을 시각화하는 방법을 보이려고 합니다. 이 아이디어는 특히 타일을 다룰 때(10장에서 설명했습니다)에 유용합니다.

16.1 도미노 타일깔기

그림 16.1(a)처럼 크기가 8 × 8인 일반적인 체스판을 크기가 1 × 2인 32개의 도미노로 "타일깔기"(즉, 체스판의 모든 정사각형이 도미노로 덮이되 겹치지 않게끔) 하는 것은 쉽습니다. 도미노 하나는 정확히 2개의 정사각형을 덮게 됩니다. 실제로 크기가 $2n \times 2n$인 체스판은 비슷한 방법으로 타일깔기를 할 수 있습니다.

그런데, 그림 16.1(b)처럼 마주보는 양쪽 귀퉁이에서 두 개의 정사각형을 떼어 낸 "불완전한" 체스판은 31개의 도미노로 타일깔기를 할 수 있을까요? 답은 아니오 입니다. 31개의 도미노는 31개의 연한 회색과 31개의 진한 회색 정사각형을 덮어야 되는데, 이 "불완전한" 체스판은 32개의 연한 회색과 30개의 진한 회색 정사각형(없어진 정사각형은 모두 진한 회색입니다)이 있기 때문입니다.

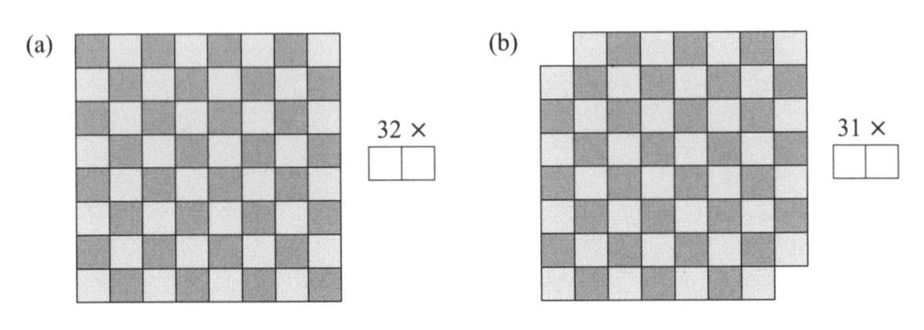

그림 16.1

16.2 *L*-테트로미노 타일깔기

L-테트로미노(*tetromino*)란 그림 16.2(a)처럼 네 개의 정사각형으로 이루어진 "L"자 모양의 타일을 말합니다. 그림 16.2(b)처럼 두 개의 *L*-테트로미노는 크기 2 × 4인 판을 덮을 수 있으니 크기가 8 × 8인 체스판은 당연히 16개의 *L*-테트로미노로 타일깔기를 할 수 있습니다. 만약 16.2(c)처럼 체스판에서 임의로 크기가 2 × 2인 정사각형을 제거했을 때, 이 불완전한 체스판은 15개의 *L*-테트로미노로 타일깔기를 할 수 있을까요?

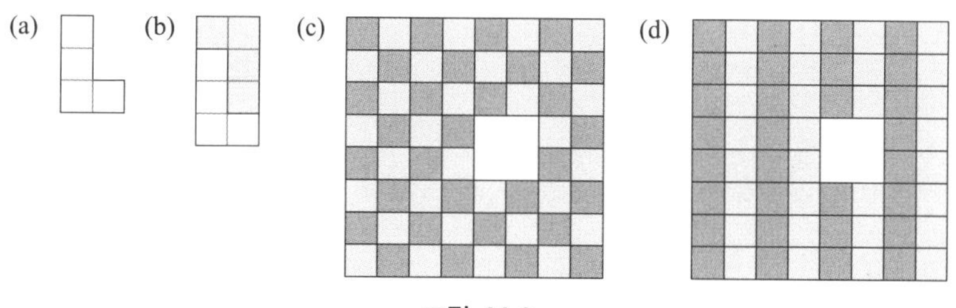

그림 16.2

체스판을 "보편적인 방법으로" 색칠해 보면, 각각의 L-테트로미노는 방향에 상관없이 두 개의 연한 회색 정사각형과 두 개의 진한 회색 정사각형을 덮게 되고 불완전한 체스판은 각 농도별로 30개씩의 정사각형이 있으므로 불가능한 이야기는 아닙니다. (아직 불완전한 체스판을 덮을 수 있다는 것을 증명한 것은 아닙니다.) 그런데, 체스판을 그림 16.2(d)처럼 색칠했다고 생각해 봅시다. 여기서도 각 농도별로 30개씩의 정사각형이 있습니다만, 각각의 L-테트로미노는 방향에 상관없이 한 개의 연한 회색 정사각형과 세 개의 진한 회색 정사각형을 덮게 되든가(A 종류), 한 개의 진한 회색 정사각형과 세 개의 연한 회색 정사각형을 덮게 됩니다(B 종류). 만약 A 종류 x개와 B 종류 y개로 타일깔기가 가능하다면 (60개의 정사각형이 모두 덮여야 하므로) $4x + 4y = 60$이고 (검게 칠한 정사각형 30개가 다 덮여야 되므로) $3x + y = 30$이 됩니다. 이 연립방정식의 해는 $x = y = 7.5$이기 때문에 그림 16.2의 불완전한 체스판은 15개의 L-테트로미노로 타일깔기를 할 수 없게 됩니다.

16.3 삼각수의 교대합

우리는 1.3절에서 제곱수의 교대합은 부호를 포함하는 삼각수가 된다는 것을 보이기 위해 색깔을 사용했습니다. 비슷한 방법으로 색깔을 사용해서 삼각수의 교대합은 제곱수가 됨, 즉

$$T_1 - T_2 + T_3 - \cdots + T_{2n-1} = n^2$$

임을 보일 수 있습니다(그림 16.3).

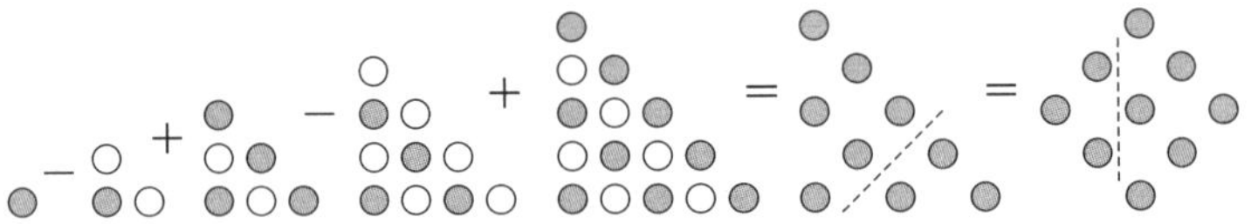

그림 16.3

16.4 공간에서의 4색 문제의 불가능성

색칠과 관련되어 가장 널리 알려진 문제 중 하나는 4색 정리인데, 평면 위의 (적절하게 정의된) 어떤 형태의 지도도 인접하는 국가들을 구분하기 위해서는 4색이나 더 적은 색깔만 필요하다는 것입니다. 한 세기에 걸쳐 수많은 수학의 전문가와 아마추어들이 이 문제를 풀려고 시도했는데, 1976년에 아펠(Apple)과 하켄(Haken)이 이 정리를 증명하는 데 성공했습니다. 그런데, 평면보다 더 고차원일 때는 어떨까요? 평면의 "색채수"가 4라면, 공간의 색채수는 무엇일까요? 다음 그림은 삼차원 "지도"를 구분하는 데에는 어떤 수도 충분하지 않다는 것을 보여줍니다.

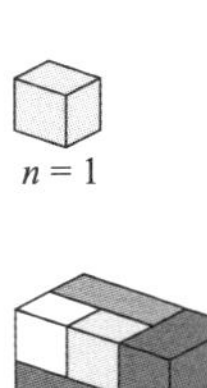

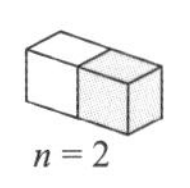

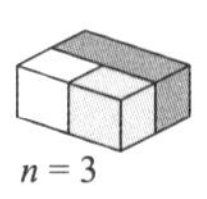

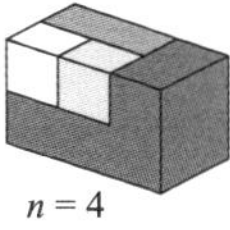

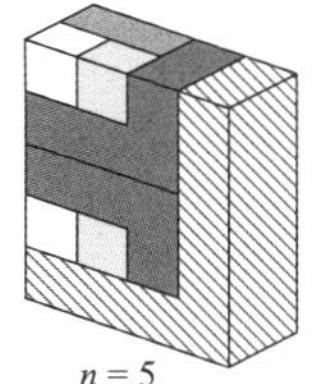

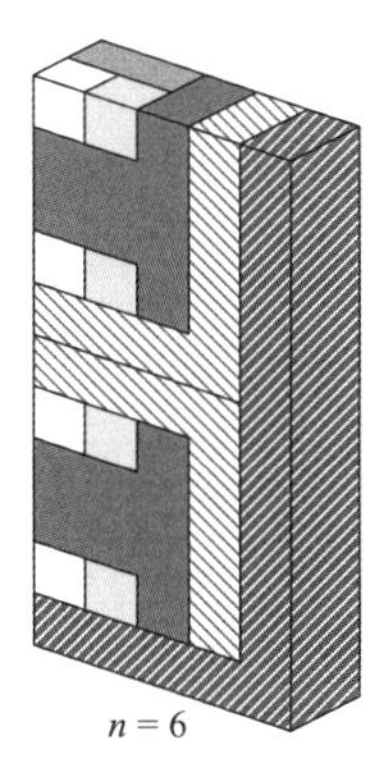

그림 16.4

| 도 | 전 | 문 | 제 |

16.1 T-테트로미노란 오른쪽 그림처럼 네 개의 정사각형으로 이루어진 "T"자 모양입니다.

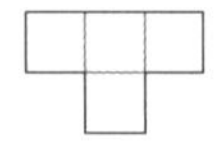

그림 16.5

(a) 그림 16.1(a)에 있는 8 × 8 체스판을 16개의 T-테트로미노로 타일깔기를 할 수 있을까요?

(b) 그림 16.2(c)에 있는 불완전한 8 × 8 체스판은 15개의 T-테트로미노로 타일깔기를 할 수 있을까요?

16.2 오른쪽 그림처럼 트로미노(*tromino*)에는 일자 트로미노와 L-트로미노의 두 종류가 있습니다. 8 × 8 체스판에는 64개의 정사각형이 있기 때문에 트로미노만을 가지고 체스판을 덮을 수는 없습니다. 그런데, 여기서 정사각형 하나를 없앤다면 63개의 불완전한 체스판이 됩니다.

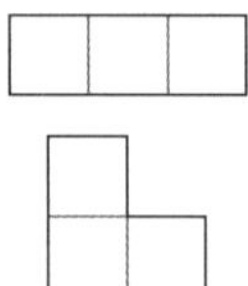

그림 16.6

(a) 이 체스판을 21개의 일자 트로미노로 타일깔기 할 수 있을까요? [힌트: 이 답은 어떤 정사각형을 없애느냐에 따라 다릅니다. 아래 두 가지 경우를 생각해 봅시다.]

그림 16.7

(b) (n이 3의 배수가 아니라면) $n \times n$ 체스판은 어떨까요?

(c) 8×8 체스판에서 어떤 정사각형을 없애더라도 남아 있는 불완전한 체스판은 21개의 L-트로미노로 타일깔기를 할 수 있음을 증명해 봅시다. 실제로, 한 개의 정사각형을 없앤 $2^n \times 2^n$ 체스판은 L-트로미노로 타일깔기를 할 수 있습니다[Golomb, 1954].

16.3 평면 위에 유한개의 직선을 그어서 만들어지는 영역들을 구분하는 데에는 두 가지 색으로 충분하다는 것을 증명해 봅시다.

16.4 평면 위에 직선이 아니라 원을 그려서 만들어지는 영역을 구분하는 데에는 몇 가지 색깔이 필요할까요?

16.5 직사각형 모양의 $m \times n$ 체스판을 그림 16.2(a)에 나온 L-테트로미노로 타일깔기를 하려면 m과 n은 어떤 숫자여야 할까요?

CHAPTER 17

포함관계를 나타내기

이 방법은 특히 두 양수 사이의 크기를 비교할 때 유용한데, 집합 A가 집합 B에 포함되면 A의 어떤 수치(기수, 길이, 넓이, 부피, …)도 이에 대응하는 B의 수치보다 작다(혹은 같다)는 사실을 이용하는 것이 그 비결입니다.

17.1 기본 삼각부등식

세 양수 a, b, c에 대해서 세 변의 길이가 a, b, c인 삼각형이 존재할 필요충분조건은

$$a + b > c,\ b + c > a,\ c + a > b$$

입니다. 편의상 $a \leq b \leq c$라고 가정하면 첫 번째 부등식($a + b > c$)만 증명하면 됩니다(그림 17.1 참조).

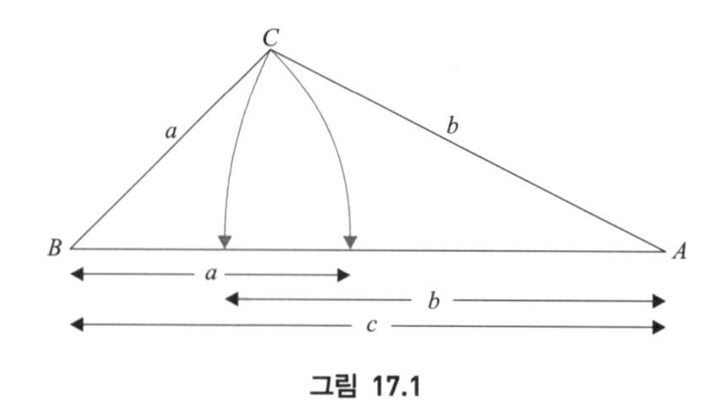

그림 17.1

세 변이 a, b, c인 삼각형에서 변 BC와 AC를 회전시켜서 변 AB 위에 놓이게끔 합니다. 그러면, 변 AB는 변 BC와 AC의 합집합에 놓이게 되므로 $c < a + b$가 됩니다. 역을 증명하는 것도 가능합니다.

이 부등식의 재미있는 결과 중 하나는 제곱근 함수가 준가법적이라는 것입니다[도전문제 14.2에서 함수 f가 $f(a + b) \le f(a) + f(b)$를 만족하면 f를 준가법적이라고 했습니다]. 양수 a, b에 대해서 두 변이 $\sqrt{a}$, $\sqrt{b}$ 이고 빗변이 $\sqrt{a+b}$ 인 직각삼각형을 만듭니다. (피타고라스의 정리로 직각삼각형이 됨을 확인할 수 있습니다.) 그러면, 삼각부등식에 의해 $\sqrt{a} + \sqrt{b} > \sqrt{a+b}$가 됩니다.

17.2 제곱의 평균은 평균의 제곱보다 크다

한 쌍의 양수에 대해서 제곱의 평균과 평균의 제곱을 비교하면 어느 쪽이 더 클까요? 이 질문에 대한 대답은 그림 17.2와 간단한 계산에 나와 있습니다.

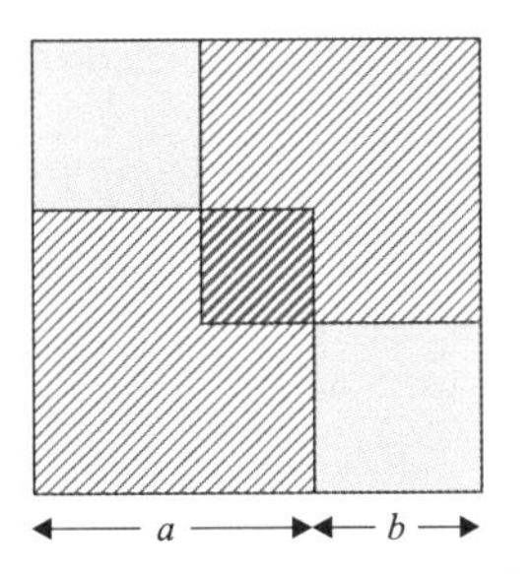

$$2a^2 + 2b^2 \geq (a+b)^2$$

$$\therefore \frac{a^2+b^2}{2} \geq \left(\frac{a+b}{2}\right)^2$$

그림 17.2

그런데, 실제로 이 결과는 임의의 n개의 양수에 대해서도 성립합니다. 아래에 있는 그림 17.3은 $n = 4$인 경우입니다[Nelsen, 2000b].

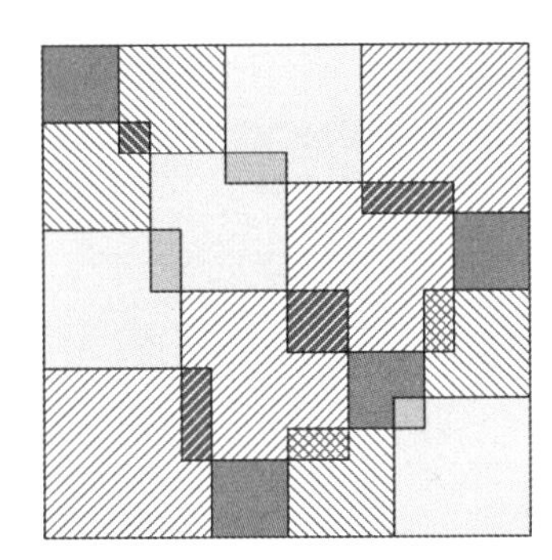

$$n\left(a_1^2 + a_2^2 + \cdots + a_n^2\right) \geq (a_1 + a_2 + \cdots + a_n)^2$$

$$\therefore \frac{a_1^2 + a_2^2 + \cdots + a_n^2}{n} \geq \left(\frac{a_1 + a_2 + \cdots + a_n}{n}\right)^2$$

그림 17.3

17.3 세 숫자의 산술평균-기하평균 부등식

세 숫자에 대한 산술평균-기하평균 부등식, 즉

$$\sqrt[3]{xyz} \leq \frac{x+y+z}{3} \quad (x, y, z > 0)$$

을 만들어 봅시다. (두 숫자에 대한 부등식은 3.4절에서 다뤘습니다.) 이를 위해, $x = a^3, y = b^3, z = c^3$으로 바꾸어서 $3abc \le a^3 + b^3 + c^3$을 보이도록 하겠습니다. 두 단계로 나누어서 보일 텐데[Alsina, 2000b] 보조정리를 우선 증명하도록 하겠습니다.

보조정리. $ab + bc + ac \le a^2 + b^2 + c^2$.

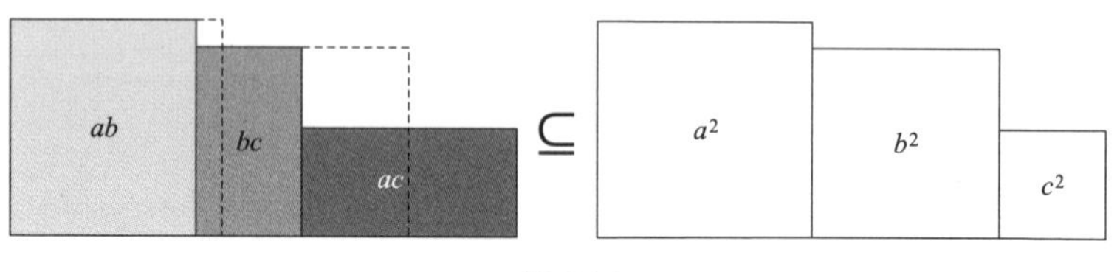

그림 17.4

그림 17.4는 전형적인 포함관계를 나타내고 있습니다. $a > b > c$이므로 넓이가 각각 ab, bc, ac인 직사각형은 넓이가 a^2, b^2, c^2인 정사각형의 합집합에 포함됩니다.

정리. $3abc \le a^3 + b^3 + c^3$.

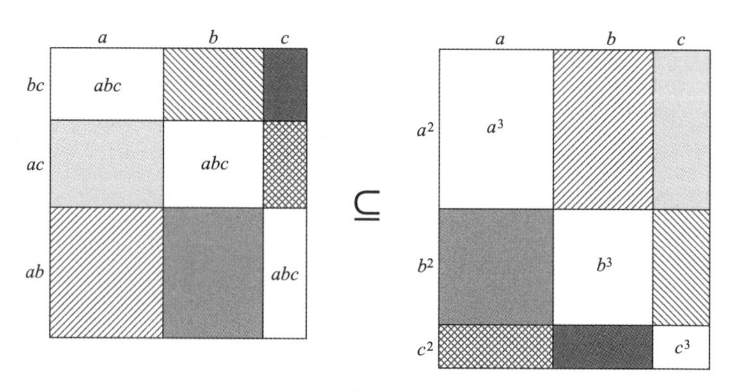

그림 17.5

보조정리에 의해 왼쪽에 있는 직사각형은 오른쪽에 있는 직사각형에 포함됩니다(두 직사각형의 밑변은 $a + b + c$로 같습니다). 왼쪽에는 넓이가 abc인 세 개의 직사각형과 여섯 개의 회색 직사각형이 있습니다. 오른쪽에는 왼쪽과 넓이가 같은 여섯 개의 회색 직사각형이 있고 대각선을 따라 넓이가 a^3, b^3, c^3인 직사각형이 세 개 있습니다. (그림 17.4와는 달리) 여기서 a^2, b^2, c^2, ab, bc, ac는 넓이가 아니라 길이를 나타냅니다.

그림 17.6도 같은 부등식 $3abc \le a^3 + b^3 + c^3$을 표현하는 것인데 $abc \le \frac{1}{3}a^2 \cdot a + \frac{1}{3}b^2 \cdot b + \frac{1}{3}c^2 \cdot c$의 형태로 나타낸 것입니다.

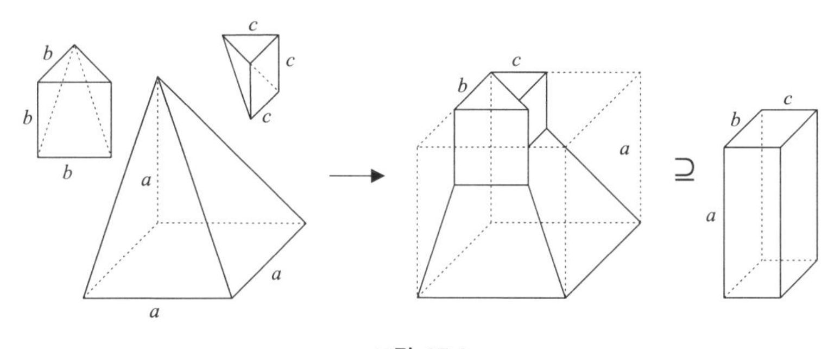

그림 17.6

여기서 abc는 $a, b, c(a \ge b \ge c)$를 세 변으로 하는 상자의 부피입니다. 그런데 이 상자는 밑면의 넓이가 각각 a^2, b^2, c^2이고 높이가 각각 a, b, c인 세 개의 각뿔의 합집합에 포함됩니다.

| 도 | 전 | 문 | 제 |

17.1 3.4절의 첫 단락에서 한 양수와 그 역수의 합은 항상 2보다 크거나 같다는 것을 보였습니다. 그림 17.7을 이용해서 또 다른 증명을 만들어 봅시다.

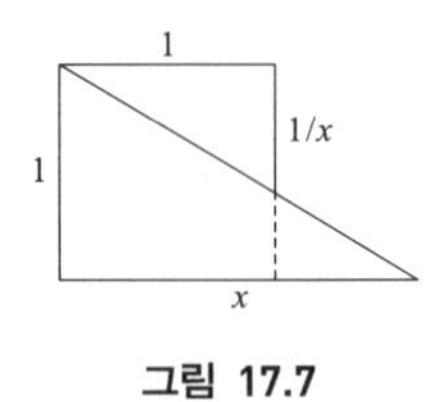

그림 17.7

17.2 포함관계를 이용해서 조르당의 부등식(*Jordan's inequality*)

$$0 \le x \le \frac{\pi}{2} \text{ 이면 } \frac{2x}{\pi} \le \sin x \le x$$

를 나타내어 봅시다.

17.3 그림 17.2를 이용해서 양수 a, b에 대한 다음 부등식을 증명해 봅시다.

a) 제곱평균의 제곱근-산술평균 부등식: $\sqrt{\dfrac{a^2+b^2}{2}} \ge \dfrac{a+b}{2}$;

b) 산술평균－기하평균 부등식: $\dfrac{a+b}{2} \ge \sqrt{ab}$;

c) 기하평균－조화평균 부등식: $\sqrt{ab} \ge \dfrac{2ab}{a+b}$.

[b)와 c)를 위한 힌트: (a, b)를 각각 $(\sqrt{a}, \sqrt{b})$와 $\left(\dfrac{1}{\sqrt{a}}, \dfrac{1}{\sqrt{b}}\right)$로 바꿔봅시다.]

17.4 임의의 실수에 대해서도 17.2절의 내용이 성립함을 증명해 봅시다.

17.5 포함관계를 이용해서 양수 a, b, c, d에 대한 중분수의 성질(*mediant property*), 즉 $\frac{a}{b} < \frac{c}{d}$이면 $\frac{a}{b} < \frac{a+c}{b+d} < \frac{c}{d}$임을 증명해 봅시다(2.2절 참조).

CHAPTER 18

삼차원을 교묘히 이용하기

전통적인 방식으로 접근할 경우 거의 불가능하거나 너무나 지루한 기하 문제들을 교묘한 "손으로 다룰 수 있는" 전략을 통해서 어떻게 풀 수 있는지 몇 가지 예를 통해 보이는 것이 이 장의 목적입니다.

18.1 3차원과 친해지기

3차원을 이용하는 전략을 개발하도록 하는 몇 가지 문제들로부터 시작하겠습니다.

문제 1 탁자 위에 크기가 알려져 있지 않은 상자 하나와 줄자가 하나 있다. 상자의 대각선을 재는 제일 쉬운 방법은 무엇일까?

여기서 핵심은 탁자가 있다는 것입니다! 상자를 탁자 한쪽 귀퉁이에

둔 다음, 줄자를 이용해서 탁자의 귀퉁이와 상자의 한 꼭짓점이 "빈 상자의 공간"을 만들게끔 한 모서리를 따라 이동시키면 됩니다.

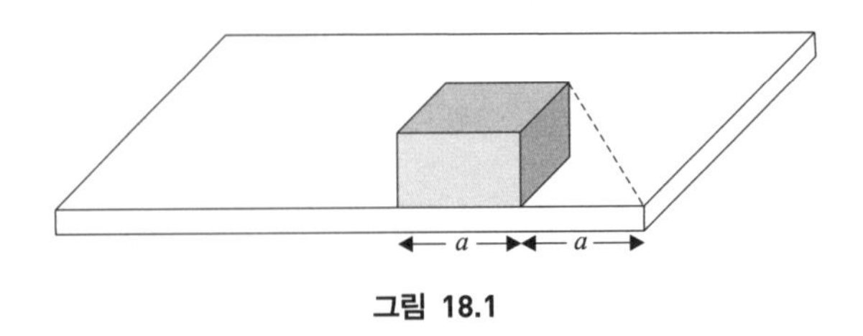

그림 18.1

문제 2 길이가 (정확히) 2π인 선분을 만들 수 있을까?

적당한 입체도형만 있다면 답은 그렇다 입니다! 원기둥을 하나 구해서 그 반지름을 단위 길이라고 합시다. 원기둥을 평면 위에서 한 바퀴 굴리면 길이가 2π인 선분을 얻게 됩니다. 물론 이것은 자와 컴퍼스만으로는 할 수 없는 일입니다.

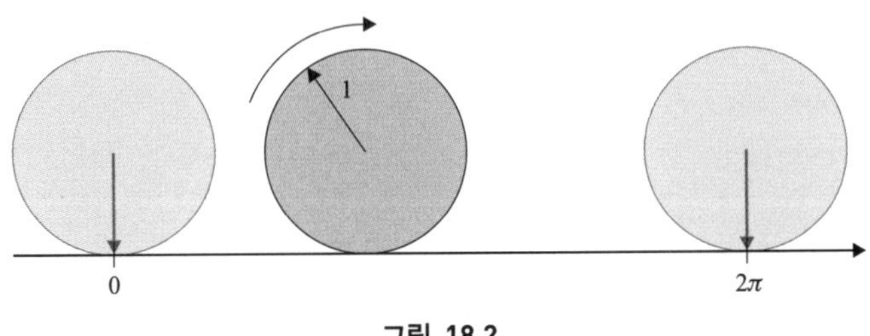

그림 18.2

문제 3 길이가 똑같은 여섯 개의 연필이 있다. 각 연필이 나머지 다섯 개와 모두 만나게끔 연필을 배열할 수 있을까? 일곱 개일 경우는 어떻게 될까?

두 문제의 정답은 모두 할 수 있다는 것이고 그림 18.3이 그 해답입니다. 여기서 일곱 개일 경우에는 한 개의 연필을 가운데에 수직으로 세우는 것입니다.

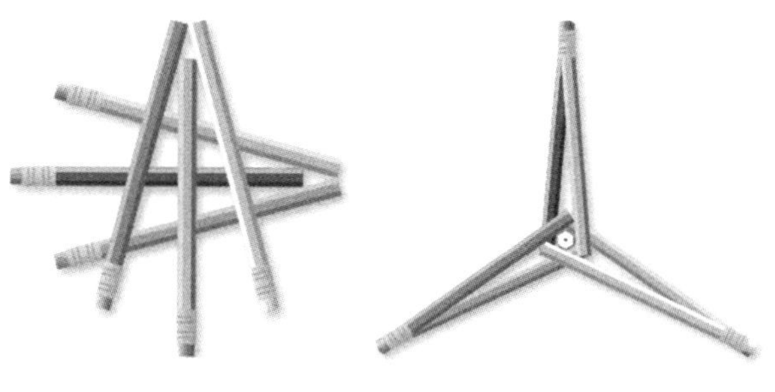

그림 18.3

만약 연필의 길이가 서로 다르다면 여덟 개의 연필을 같은 조건으로 배열할 수 있을까요? 도전문제 18.4를 보기 바랍니다.

문제 4 두꺼운 종이에서 직사각형 모양을 잘라내어 그림 18.4처럼 한 꼭짓점이 탁자 위에 닿도록 잡는다. 다른 세 꼭짓점에서 탁자까지의 높이들 사이에는 어떤 관계가 있을까?

탁자에 닿은 꼭짓점의 맞은편에 있는 꼭짓점에서 탁자까지의 높이는 다른 두 꼭짓점에서 탁자까지 높이의 합과 같습니다. 바닥에 있는 꼭짓점에서 제일 위에 있는 꼭짓점까지 직사각형의 둘레를 따라 움직인다고 생각하면 됩니다.

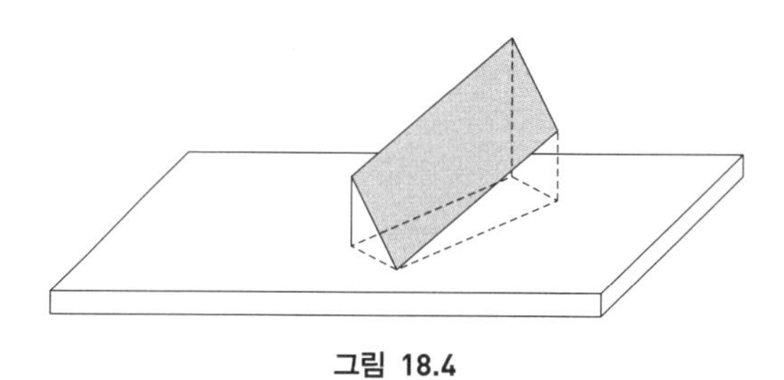

그림 18.4

문제 5 한 교실에(농구공, 축구공, 당구공 같은) 공이 하나 있고 자가 하나 있다. 공의 반지름을 정확하게 재는 방법은 무엇일까?

교실에는 분필이 있을 테니 분필을 사용해서 공의 표면에 점을 하나 찍습니다. 그리고 공이 교실 바닥에 닿고 분필을 칠한 부분이 벽면에 닿게끔 교실 한 귀퉁이에 둡니다. 그러면, 바닥에서 분필을 칠한 부분이 벽에 닿는 높이가 공의 반지름이 되기 때문에, 자를 가지고 그 높이를 재면 됩니다.

문제 6 자와 종이와 가위가 있다. 표면에 주어진 기울기의 나선모양이 있는 원기둥을 만드는 방법은 무엇일까?

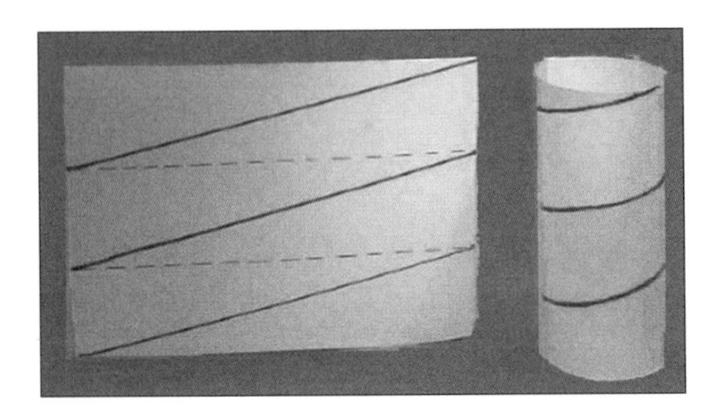

그림 18.5

핵심은 기울기의 정의에 있으며, 그림 18.5가 문제에 대한 해답입니다. 덧붙여 원기둥 위에 두 점(한 점이 다른 한 점 위에 수직으로 있지 않는 경우) 사이의 가장 짧은 경로는 나선의 일부분이 됩니다.

18.2 종이 접기와 종이 자르기

종이가 발명된 이래로 종이를 자르고 접어서 물체를 만드는 것은 흔한 일입니다. 문헌에 의하면 종이접기를 좋아하는 사람들을 위한 안내서가 상당히 많이 있습니다. 아마도 가장 훌륭한 종이접기는 오리가미(origami)로 알려져 있는 일본 전통놀이일 것입니다.

교육학적 관점에서 보면 종이접기는 수학적인 흥미를 불러일으킵니다. 이 절에서는 종이를 자르고 접는 방법을 통해 몇 가지 놀라운 문제들을 소개하려고 합니다.

문제 7 종이 한 장과 가위가 있다. 종이에 사람이 지나갈 정도로 큰 구멍을 만들 수 있을까?

종이에 "일반적인 구멍"을 내서는 사람이 지나갈 수 없습니다. 그러나 "구멍"을 종이가 끊어지지 않게 연결되어 있는 공간이라고 해석한다면 이 문제에 대한 답은 무궁무진합니다. 그 중에 하나를 소개합니다.

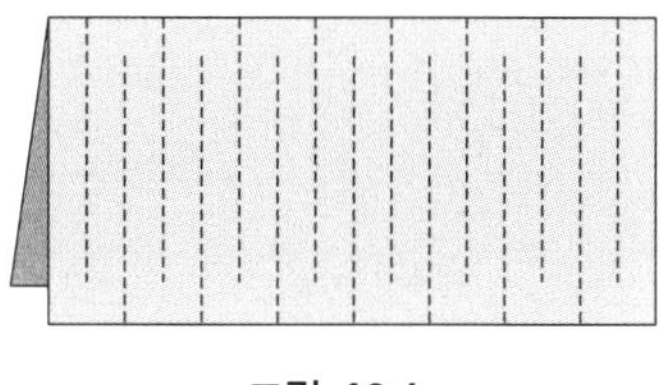

그림 18.6

그림 18.6처럼 종이를 반으로 접고(접힌 종이를) 점선을 따라 그림과 같이 자릅니다. 종이를 펼쳐보면 사람이 지나갈 정도로 꽤 큰 구멍을 보게 될 것입니다.

문제 8 그림 18.7(a)는 앞에서 튀어나오는 "날개"가 있는 "S"자 모양의 종이다. 한 장의 종이와 가위만을 사용해서 만들 수 있을까?

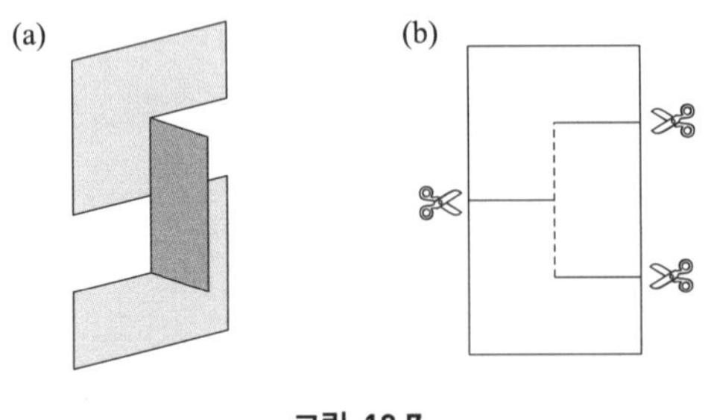

그림 18.7

만들 수 있습니다! 그림 18.7(b)에 나온 대로 종이를 자른 다음, 점선의 위쪽 반으로 계곡 접기를 하고 아래쪽 반을 가지고 산 접기를 하면 됩니다[Tanton, 2001a].

문제 9 직사각형 모양 종이의 네 귀퉁이를 접어서 이 직사각형에 내접하는 제일 큰 정사각형을 표시하고, 남은 직사각형의 부분에 대해서도 같은 방법으로 표시를 한다. 이렇게 하면 작은 정사각형과 직사각형이 하나 더 생기게 된다. 이것은 어떤 직사각형을 가지고도 만들 수 있는 것일까? 원래의 직사각형과 새로 생긴 직사각형이 닮으려면 원래의 직사각형은 어떤 모양이어야 할까?

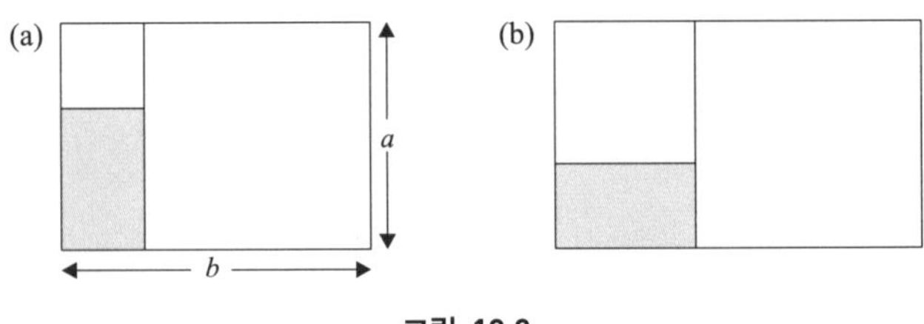

그림 18.8

원래의 직사각형 크기가 $a \times b(b > a)$라면, 두 정사각형의 한 변의 길이는 각각 $a, b-a$가 되므로 회색 직사각형의 크기는 $(2a-b) \times (b-a)$가 됩니다. 따라서 원래의 직사각형이 $b < 2a$인 경우에만 이런 모양을 만들 수 있습니다. 회색 직사각형이[그림 18.8(a)처럼] 원래의 직사각형과 모양이 반대라면 $\frac{2a-b}{b-a} = \frac{b}{a}$가 되므로 $\frac{b}{a} = \sqrt{2}$가 됩니다. 만약, 회색 직사각형이[그림 18.8(b)처럼] 원래의 직사각형과 모양이 같다면 $\frac{b-a}{2a-b} = \frac{b}{a}$가 되므로 $\frac{b}{a} = \phi \simeq 1.618$, 즉 황금비율이 됩니다.

문제 10 합동인 정사각형 모양의 종이 A, B가 있다. 위에 놓인 종이 A는 B의 넓이의 $\frac{1}{4}$을 덮고 있다. B의 한가운데를 중심으로 해서 A를 아무렇게나 회전시킬 때, A가 덮고 있는 B의 넓이는 어떻게 변할까?

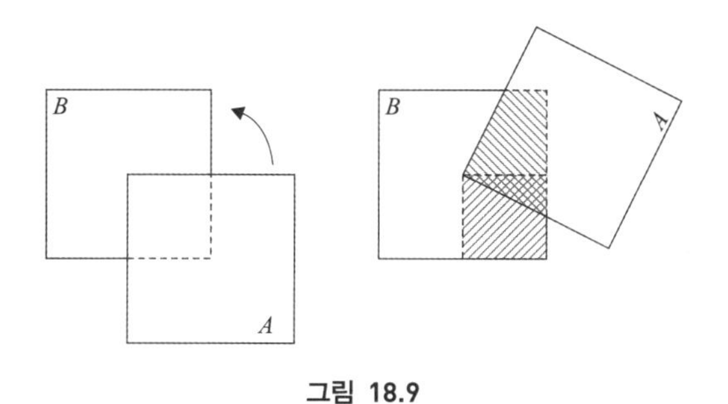

그림 18.9

그림 18.9에 빗금 친 부분을 비교하면 알 수 있듯이, A가 덮는 B 영역의 넓이는 $\frac{1}{4}$로 일정합니다. 정사각형이 아니라 직사각형이면 어떻게 될까요? 정삼각형이라면?

문제 11 똑같은 모양의 종이 두 장이 있다. 한 장으로는 긴 모서리에 풀칠을 해서 원기둥을 만든다. 나머지 한 장으로도 원기둥을 만들되, 붙이기 전에 먼저 만든 원기둥을 끼워 입체적인 "T"자 모양이 되도록 구멍을 내려고 한다. 만들어야 되는 구멍의 모양을 찾아보자. 그림 18.10은 그 두 개의 원기둥이 결합된 모습이다.

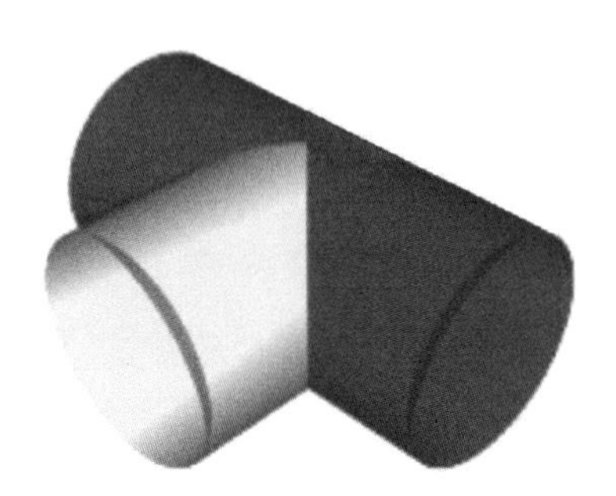

그림 18.10

원기둥이 평면과 만나면(원기둥의 축과도 만나게 됩니다) 그 교점은 그림 18.11(a)처럼 타원이 됩니다. 이때, 이 원기둥을 펼치게 되면 그 타원은 어떤 모양이 될까요? 그림 18.11(b)에 있는 것처럼 사인 곡선같이 보이는데, 실제로도 사인 곡선이 됩니다.

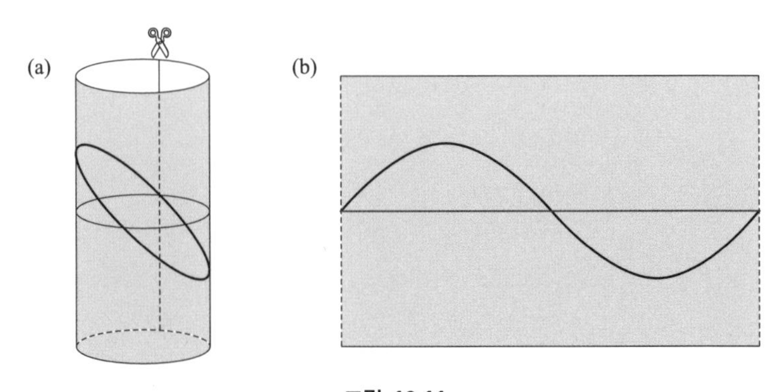

그림 18.11

xyz 좌표평면에서 $x^2 + y^2 = 1$은 원기둥을 나타내는 한 방정식이고, $z = Ay$는 평면을 나타내는 한 방정식입니다. 따라서 매개변수를 써서 교점을 나타내면 $(\cos\theta, \sin\theta, A\sin\theta)$ $(0 \leq \theta \leq 2\pi)$가 됩니다. 원기둥을 펼치는 것은 곡선을 θ-z 평면으로 보는 것과 같기 때문에, 곡선의 방정식은 $z = A\sin\theta$가 됩니다.

그림 18.12의 왼쪽 그림은 축이 서로 수직이며 합동인 두 개의 반원기둥이 만나는 모양으로 **그로인 볼트**(*groin vault*)라고 불리는 고전적인 건축양식입니다. 오른쪽 그림은 여기서 이 두 원기둥에 공통인 부분을 그린 것입니다. 이 영역을 나타내는 종이모형을 만들기 위해 앞서 보았던 타원과 사인곡선에 대한 내용을 이용할 것입니다.

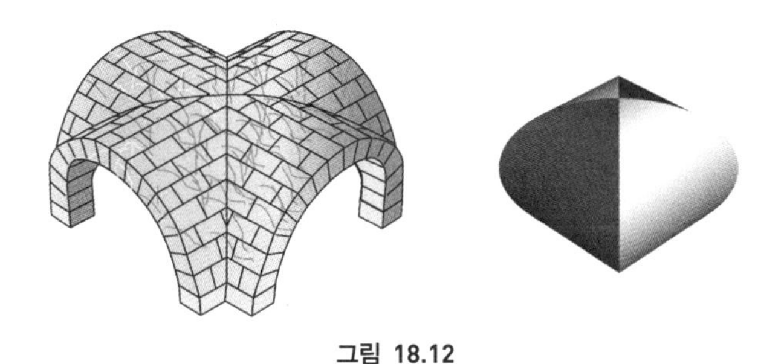

그림 18.12

다음 쪽의 그림 18.13(a)는 그로인 볼트 아래에 있는 영역을 모형으로 만들기 위한 전개도입니다. 곡선 부분은 사인곡선의 일부$(\frac{1}{4})$입니다. 문제 11을 다시 살펴보면, 이것은 그림 18.13(b)처럼 사인곡선의 반과 그 대칭인 부분으로 이루어져 있음을 알게 됩니다.

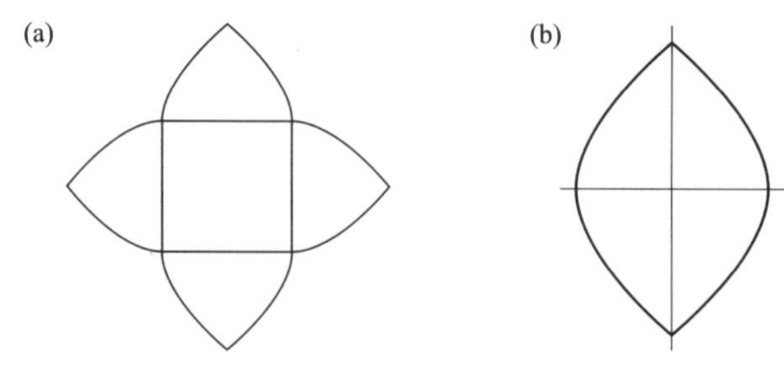

그림 18.13

문제 12 프리즈 만들기

프리즈(frieze)란 한 방향(여기서는 수평인 방향으로 다룹니다)으로 계속 반복되는 그림이나 무늬를 말합니다. 프리즈는 건축물의 장식에서 흔히 볼 수 있습니다. 수학적으로 분석해 보면 그림 18.14처럼 일곱 개의 서로 다른 프리즈가 가능합니다.

그림 18.14

평면에서 등거리변환(6장 참조)은 거리를 보존하는 변환이었습니다. 벡터 **x**에 대한 평행이동을 $T_{\mathbf{x}}$라 하고, f를 원점을 중심으로 한 회전이동 또는 원점을 지나는 수직선이나 수평선에 대한 대칭이동이라 하면,

등거리변환은 정식으로 $T_{\mathbf{x}} \circ f$라 표시됩니다. 따라서 평면에 있는 어떤 모양 F에 대해서 F를 불변량으로 하는 평면에서의 등거리변환의 집합으로 정의되는 대칭군 $S(F)$를 연결지을 수 있습니다. 이때, $S(F)$의 어떤 변환에 대해서도 불변하는 직선이 평면에 있고, 벡터 $\mathbf{x}(\mathbf{x} \neq \mathbf{0})$에 대해 $S(F)$의 모든 변환이 어떤 정수 n에 대해 $T_{n\mathbf{x}}$꼴로 표현될 때, F를 프리즈라고 합니다.

이 절의 목적은 종이 띠와 가위를 가지고 일곱 가지 프리즈를 그려놓은 그림의 모형(그림 18.14 참조)을 만드는 것입니다. 이를 위해서 우리는 다음의 세 가지 기초적인 움직임을 결합시킬 것입니다.

(i) **수평 접기**(수평으로 대칭을 얻기 위해)
(ii) **아코디언 접기**(수직으로 대칭을 얻기 위해)
(iii) **원기둥 효과**(그림을 이동시키기 위해) (그림 18.15 참조)

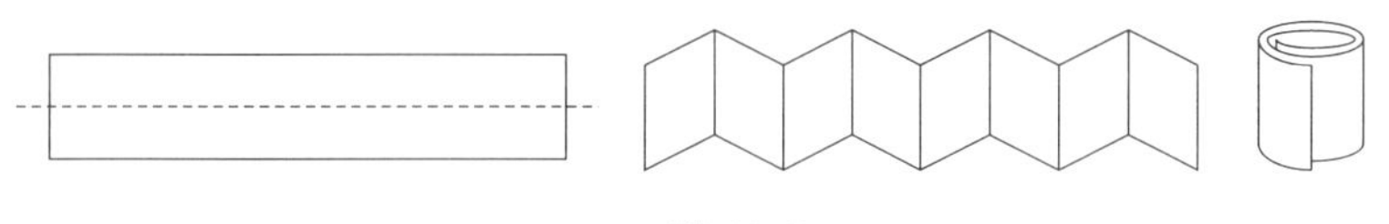

그림 18.15

이 세 가지 조작으로 말리거나 접힌 종이 띠에 가위로 모양을 자른 다음, 종이 띠를 다시 펴게 되면 프리즈가 됩니다. 예를 들어, 원기둥 모양으로 종이를 만 다음에 원기둥 제일 윗부분에서 가위로 모양을 잘라내면 그림 18.14의 첫 번째 모양 같은 프리즈가 됩니다. 여기서 원기둥의 한가운데를 중심으로 원기둥의 바닥에서도 대칭적으로 같은 모양을 잘라내면 그림 18.14의 두 번째 모양 같은 프리즈가 됩니다. 아코디언 접기나 수평 접기를 통해서 다른 프리즈도 만들 수 있습니다.

18.3 다면체 펼치기

때로는 입체에 대한 문제를 평면으로 풀 수도 있습니다. 9.4절에 있는 직육면체 모양의 방에 있는 거미와 파리 사이의 최단거리를 구하는 문제가 그 전형적인 예라고 하겠습니다. 거기서는 "3D→2D→3D" 전략을 사용했습니다. 즉 방을 펴서 이차원 모양을 만든 다음에 최단거리를 찾고 다시 삼차원 모양으로 되돌아갔습니다.

정육면체 위에서의 최단거리를 찾는 데는 정육면체를 펴는 적절한 방법을 찾는 과정이 포함됩니다. (다음 장의 도전문제 19.1도 보기 바랍니다.) 정사면체(삼각 피라미드)를 펴고 접는 과정은 **칼레이도사이클** (*kaleidocycle*)이라 불리는 흥미로운 입체도형과 관련이 있습니다. 칼레이도사이클이란 그림 18.16(a)처럼 6, 8, 10개의 사면체의 모서리가 연결된 모양으로서 구부리거나 회전시키면 다른 면이 나타나게 됩니다.

그림 18.16(b)의 전개도를 접으면 각각 네 면에 서로 다른 패턴(각 열에 있는 삼각형들이 사면체를 형성하는 것이고, 하얀 부분은 풀칠을 위한 것입니다)이 있는 여섯 개의 붙어 있는 사면체를 만들 수 있습니다. **힌트**: 수직선을 따라 계곡 접기를 하고 사선을 따라 산접기를 합니다!

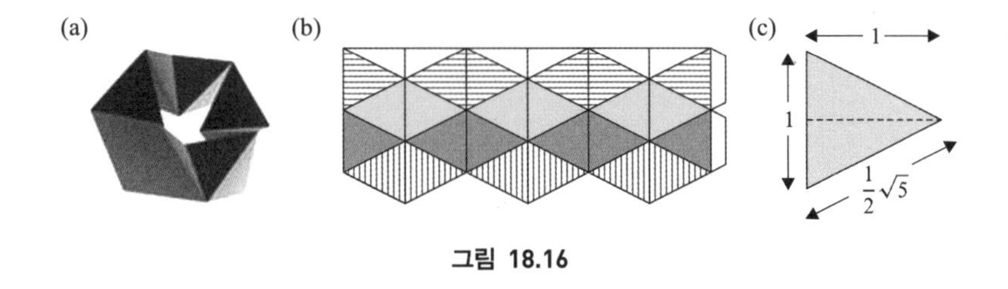

그림 18.16

그림 18.16의 칼레이도사이클에 있는 사면체는 정사면체, 즉 모든 면이 정삼각형인 것은 아닙니다. 그림 18.16(c)에 나온 것처럼 직각이등변 삼각형입니다. 이 칼레이도사이클을 만들어 보면 왜 이런 모양인지가 분명해집니다. 이 전개도에 삼각형을 추가해서 8개나 10개의 사면체로 이루어진 칼레이도사이클을 만들 경우 정삼각형이 쓰일 수도 있습니다.

이런 사면체의 고리가 이동을 하면 점 사이의 거리는 변하지만 부피와 겉넓이는 변하지 않습니다. 즉 넓이와 부피가 불변한다고 거리가 변하지 않는 것은 아닙니다. 아래 사진에 있는 모양들은 모두 다 "고전적인" 모양의 전통적인 격식을 깨는 이런 성질을 가지고 있습니다.

그림 18.17

| 도 | 전 | 문 | 제 |

18.1 긴 종이 띠를 반만 꼬은 다음에 양쪽 끝을 붙이게 되면 뫼비우스의 띠(*Möbius strip*) 또는 뫼비우스의 끈(*Möbius band*)이라고 불리는 모양이 완성됩니다. 이 끈의 중간 부분에서 길이를 따라 자르면 어떤 모양을 얻게 될까요? 실제로 해보면 아마 놀랄지도 모릅니다. 반만 꼬으기를 두 번 이상 하면 어떻게 될까요? 한쪽에서 $\frac{1}{3}$ 지점이 되는 부분에서 자르면 어떻게 될까요?

18.2 그림 18.18처럼 잡지 A가 잡지 B 위에 놓여 있습니다. A가 B의 넓이의 반 이상을 덮고 있을까요, 아니면 반 이하를 덮고 있을까요?

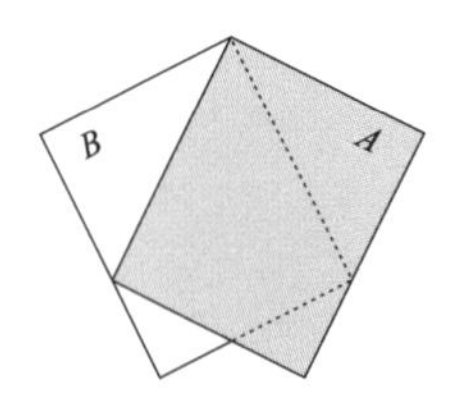

그림 18.18

18.3 크기가 $a \times b(a < b)$인 직사각형 모양의 종이가 있습니다. (길이가 b인) 긴 쪽을 붙이거나 (길이가 a인) 짧은 쪽을 붙여서 원기둥을 만들 수 있습니다. 물론 이 두 원기둥의 겉넓이는 같습니다. 부피도 같을까요?

18.4 한 연필이 나머지 연필과 모두 닿게끔 여덟 개의 연필을 배열해 봅시다.

CHAPTER 19

입체 모형을 사용하기

적절한 입체 모형을 만들어 보면 입체 도형의 여러 가지 수학적인 성질을 쉽게 파악할 수도 있습니다. 이런 모형을 만드는 방법에 대해서는 2부에서 더 많이 다룰 것입니다.

19.1 정다면체의 비밀

그림 19.1처럼 정다면체(플라톤 입체)—모든 면이 합동인 정다각형이고 각 꼭짓점에서 만나는 면의 숫자가 모두 같은 다면체—는 정확히 다섯 개가 있습니다. 이들의 이름과 생김새는 각각 **성사면체**(정삼각형 네 개), **정육면체**(정사각형 여섯 개), **정팔면체**(정삼각형 여덟 개), **정십이면체**(정오각형 열두 개), **정이십면체**(정삼각형 스무 개)입니다.

이들 정다면체는 각각 흥미로운 성질을 가지고 있는데, 그 중 몇 가지는 잘 알려져 있지 않습니다. 이 절에서는 각 다면체 별로 하나씩 흥미로운 "비밀"을 살펴보려고 합니다.

그림 19.1

정십이면체의 비밀: 여섯 개의 지붕이 있는 정육면체

정십이면체와 정육면체—그림 19.1의 왼쪽에 있는 두 입체—에는 12라는 숫자가 공통으로 들어갑니다. 정육면체는 12개의 모서리를 가지고 있고 정십이면체는 12개의 면을 가지고 있습니다. 실제로 정육면체의 한 모서리가 정십이면체의 한 면(정오각형)의 대각선이 되도록 정육면체를 정십이면체에 내접시킬 수 있습니다[그림 19.2(a) 참조]. 따라서, 정십이면체를 그림 19.2(b)에 나온 것처럼 여섯 개의 지붕이 있는 정육면체로 생각할 수 있습니다.

정육면체와 정십이면체 사이의 이런 관계를 나타내어 주는 모형을 만들어 봅시다. 먼저, 한 변의 길이가 s인 정육면체를 만든 다음, 한 변의 길이가 s인 정사각형과 정오각형이 붙어 있는[따라서 정십이면체의 한 변의 길이는 $(\phi-1)s \simeq 0.618s$가 됩니다. 7.2절 참조] 그림 19.3의

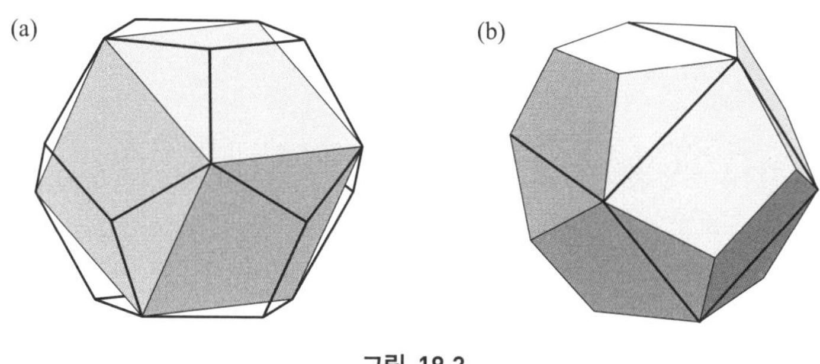

그림 19.2

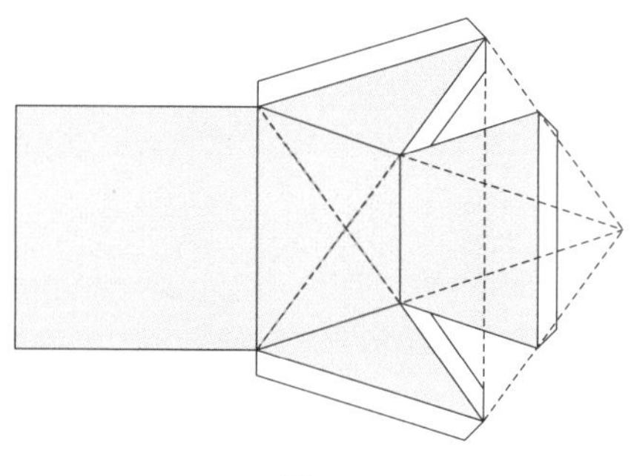

그림 19.3

모양을 여섯 개 만들어서 오려내어 풀칠한 다음 접으면 정사각형을 밑면으로 하는 지붕이 완성됩니다.

이렇게 여섯 개의 지붕(여럿이 만드는 게 좋습니다!)을 완성한 다음 그림 19.2(b)처럼 정육면체 위에 붙이면, 안쪽 정육면체의 한 면이 정오각형 면의 한 대각선과 일치하는 정십이면체가 됩니다.

정이십면체의 비밀: 내부에 있는 세 개의 황금 직사각형

정이십면체는 정사면체, 정팔면체와 함께 정삼각형만으로 이루어진 세 개의 정다면체 중의 하나입니다.

면이 모두 합동인 정삼각형으로 되어 있는 볼록 다면체를 델타다면체[*deltahedron*, 그리스 문자 델타(Δ)와 닮았습니다]라 부릅니다. 서로 다른 여덟 개의 델타다면체가 그림 19.4에 나와 있습니다.

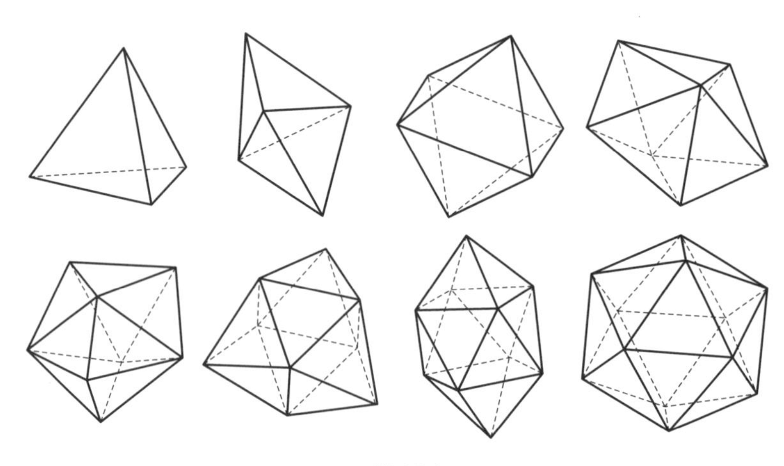

그림 19.4

그림 19.5처럼 정이십면체는 두 개의 정오각뿔과 한 개의 엇오각기둥을 합쳐 놓은 모양입니다. [엇각기둥(*antiprism*)이란 두 개의 정 n각형과 $2n$개의 정삼각형으로 이루어진 다면체입니다.] 정이십면체에 정오각형 단면[그림 19.5(c)의 검정 부분]이 있기 때문에 이 정다면체에서 황금비율을 찾는 것은 그리 놀라울 일이 아닙니다.

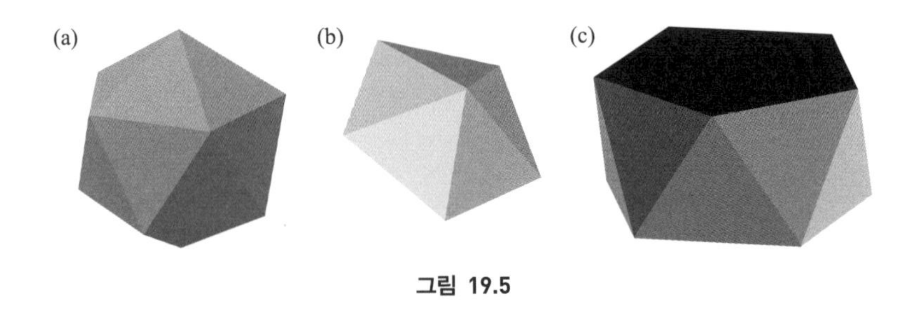

그림 19.5

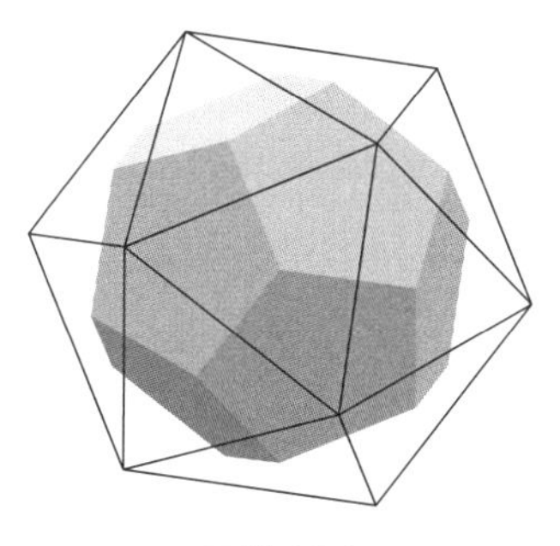

그림 19.6

실제로, 정이십면체 안에는 또 다른 정오각형이 있습니다—그림 19.6처럼 정이십면체의 인접한 면의 중심을 선분으로 연결하면 정십이면체가 됩니다.

비슷한 방법으로, 정십이면체의 인접한 면의 중심을 선분으로 연결하면 정이십면체가 되고, 이런 이유로 정십이면체와 정이십면체를 **쌍대다면체**(*dual polyhedron*)라고 부릅니다. 쌍대다면체에 대해서는 나중에 다시 살펴볼 것입니다.

이제, 정이십면체 안에는 짧은 변에 대한 긴 변의 길이의 비가 $\phi = 1.618\cdots$인 직사각형인 **황금 직사각형**(*golden rectangle*)이 있음을 보일 것입니다. 이 사실로부터 꽤 흥미로운 방법으로 정이십면체의 모형을 만들 수 있습니다. 우선, 두꺼운 종이에서 크기가 $2 \times 2\phi$인 세 개의 황금 직사각형을 잘라낸 다음, 그림 19.7(a)처럼 길게 찢은 자리를 냅니다. 그리고 그림 19.7(b)처럼 세 개의 직사각형을 끼워 넣습니다.

이제, 각 꼭짓점 근처에 작은 구멍을 낸 다음, 그림 19.7(c)처럼 실이나 끈으로 인접한 꼭짓점을 연결하면 정이십면체가 완성됩니다. 이런 방법이 제대로 된 것인지를 보이기 위해서, 끼워 넣은 직사각형의 중심을 원점으로 하고 각 직사각형이 각 좌표평면에 놓이게끔 *xyz* 좌표공

간을 도입합니다. 그러면 이들 직사각형의 열두 개 꼭짓점의 좌표는

$$(0,\ \pm1,\ \pm\phi), (\pm\phi, 0,\ \pm1,), (\pm1,\ \pm\phi, 0)$$

가 됩니다. (여기서, $\phi^2 = \phi + 1$임을 기억하기 바랍니다.) 따라서, 인접한 두 꼭짓점 사이의 거리 d는

$$d = \sqrt{1^2 + (\phi - 1)^2 + \phi^2} = \sqrt{4} = 2$$

가 되어 각 직사각형의 짧은 변의 길이와 일치하게 됩니다.

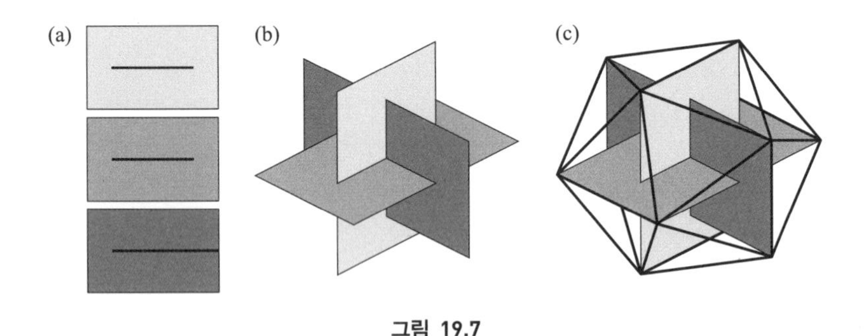

그림 19.7

정팔면체의 비밀: 탁자를 위한 구조

일반적으로 정팔면체를 그릴 때는 한 꼭짓점이 바닥에 있고 마주보는 꼭짓점은 위에 놓이게끔 그립니다. 즉 그림 19.8(a)처럼 밑면을 공유하는 두 개의 정사각뿔로 본다는 것입니다.

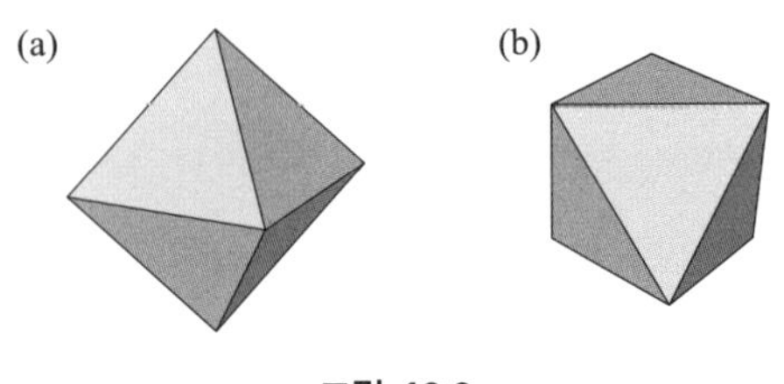

그림 19.8

그런데, 만약 정팔면체의 한 면을 바닥에 닿게끔 하면 그림 19.8(b)에 나온 것처럼 이와 평행한 면은 180도 회전한 모양으로 위에 놓이게 되며, 나머지 여섯 개의 면은 위에 있는 꼭짓점과 이에 대응하는 바닥에 있는 꼭짓점을 연결한 모습이 됩니다. 이렇게 되면 정팔면체도 엇삼각기둥의 하나로 볼 수 있습니다. 정팔면체는 탁자로 사용하기에 아주 좋은 구조입니다. 바닥에 놓인 세 개의 꼭짓점이 안정감을 주며 위에 놓인 세 개의 꼭짓점들이 물체를 지지하게 해줍니다. 그림 19.9는 산업 현장에서 실제로 쓰이는 두 개의 예를 보여주고 있습니다. 윗면에 유리판을 놓는다면 가정용 가구로 사용될 수도 있을 것입니다.

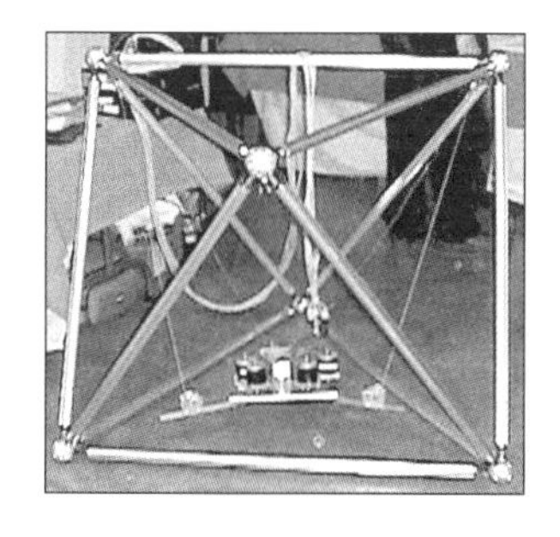

그림 19.9

정육면체의 비밀: 합체된 정삼각뿔

정사면체에는 여섯 개의 모서리가 있고 정육면체에는 여섯 개의 면이 있습니다. 따라서 정사면체의 한 모서리가 정육면체의 한 면의 대각선이 되게끔 정사면체를 정육면체에 내접시킬 수 있다는 것은 그리 놀랄 만한 사실이 아닙니다(그림 19.10 참조).

정사면체의 각 면의 바깥쪽에는 정육면체의 세 개의 모서리와 한 꼭짓점이 있는데, 정사면체의 한 면과 더불어서 세 면이 직각 이등변삼각형인 정삼각뿔을 이루게 됩니다. 그림 19.10의 왼쪽 그림처럼 세 개의

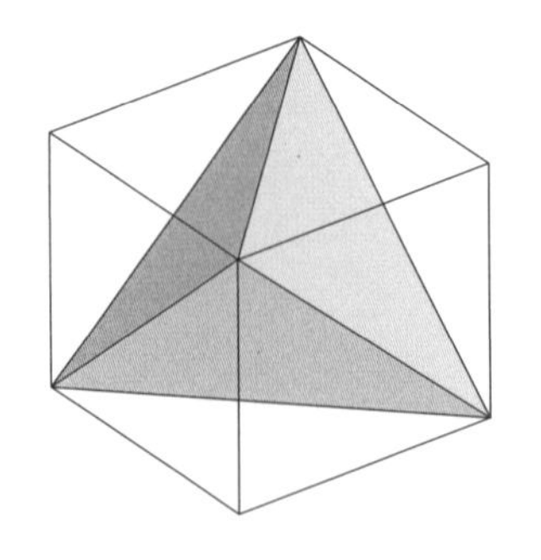

그림 19.10

정사각뿔은 눈에 보이는 위치에 있고 나머지 하나는 뒤에 놓이게 됩니다. 그림 19.10의 오른쪽 그림은 메사츄세츠 주 앰허스트에 있는 햄프셔 대학 교정에 있는 건축물의 사진인데, 여기서는 정사면체와 네 개의 정삼각뿔을 모두 볼 수 있습니다. 이런 식으로 정육면체는 다섯 개의 정삼각뿔—가운데 정사면체와 정사면체의 면 위에 있는 네 개의 정삼각뿔—로 이루어진 다면체가 됩니다.

정육면체의 인접하는 면의 중심을 선분으로 연결하면 정팔면체가 되고 그 역도 성립합니다. 따라서 정육면체와 정팔면체도 정십이면체와 정이십면체처럼 쌍대다면체가 됩니다.

정사면체의 비밀: 더 좋은 연(kite)

그림 19.1을 다시 한 번 봅시다. 정사면체는 나머지 정다면체와는 달리 서로 평행한 면도, 모서리도 없고 다면체의 중심을 기준으로 서로 맞은편에 놓이는 꼭짓점도 없습니다. 또, 정사면체는 자기 쌍대—즉, 정사면체의 인접한 면의 중심을 선분으로 연결하면 또 다른 정사면체가 된다는 점에서도 나머지 정다면체와 다릅니다. 그런데, 각뿔도 자기 쌍대이므로 정사면체가 유일한 자기 쌍

대 다면체는 아닙니다. 마지막으로(면이 일반적인 삼각형으로 되어 있는) 일반적인 사면체는 네 개의 면을 가진 유일한 볼록 다면체입니다.

전화기를 발명한 알렉산더 그레이엄 벨(1847~1922)은 연(kite)을 만들 때 정사면체를 이용하자고 주장했습니다[Bell, 1903]. 그는 상자모양의 연을 만들려면 정사면체의 단단한 구조가 정육면체의 구조보다 낫다는 것을 파악하고, 그림 19.11처럼 네 개로 이루어진 기본형을 가지고 여러 개로 이루어진 정사면체 모양의 연을 만들 수 있음을 알아냈습니다. 정사면체 모양의 연을 만드는 방법은 여러 웹사이트에서 쉽게 찾을 수 있습니다.

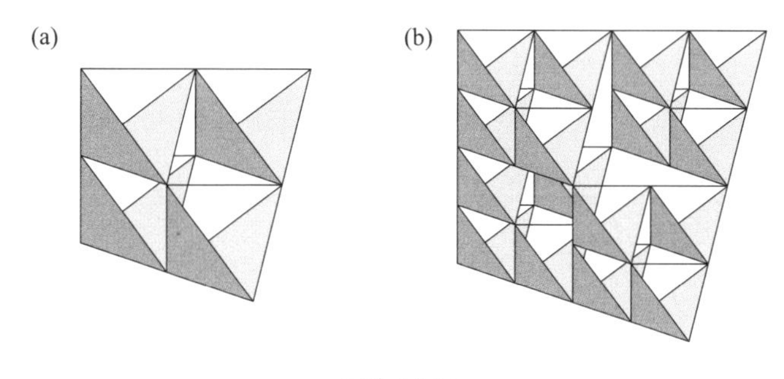

그림 19.11

벨이 1903년에 써 놓은 글을 보도록 하겠습니다. "정사면체의 원리를 이용하면 거의 다 가벼운 소재로 원하는 모양의 틀을 만들 수 있고 결과물도 훌륭해서 공기의 저항을 받는 어떠한 종류나 크기, 모양의 표면을 떠받치는 데에 사용될 수 있다. 물론, 정사면체 모양이 연이나 하늘을 나는 기계의 틀을 만드는 데에만 한정되게 활용되는 것은 아니다. 가벼움과 견고함을 필요로 하는 어떤 유형의 구조물에도 활용될 수 있다. 우리가 어떤 종류의 벽돌로도 집을 지을 수 있듯이 정사면체 틀로 어떤 유형의 구조물도 만들 수 있으며 개별 정사면체 모양의 특징인 가벼움과 견고함을 그대로 가지게 된다. 나는 이미 이런 방법으로 몇 가지 연 모양뿐만 아니라 집, 커다란 방풍벽의 틀, 서너 개의 보트를 만들었다."

정다면체 주사위

정다면체를 활용하는 오래된 방법 중에 하나가 주사위를 만드는 것입니다. 정육면체 모양의 주사위는 로마인들이 도박이나 백개먼(주사위 놀이, backgammon) 같은 놀이를 하기 위해 사용했는데, 오늘날까지 가장 흔히 쓰이는 모양의 주사위입니다. 물론, 다른 정다면체도 주사위로 사용할 수 있으며 특히 역할놀이나 전쟁놀이, 점치는 데에 사용되고 있습니다. 그림 19.12는 다섯 개의 정다면체와 또 하나의 다면체로 이루어진 주사위 사진입니다.

그림 19.12

정사면체를 제외한 나머지 정다면체에는 평행한 면이 있기 때문에 이들 주사위를 굴리면 항상 "윗" 면이 있게끔 됩니다. 정사면체는 항상 한 꼭짓점이 위쪽을 향하게끔 되기 때문에 각 면에 세 개의 숫자를 쓰고, 주사위를 던진 다음, 아래쪽에 쓰여 있는 숫자를 읽습니다(그림 19.12의 오른쪽에 있는 정사면체 주사위의 경우에는 4가 됩니다).

정다면체는 각각 4, 6, 8, 12, 20개의 면이 있기 때문에 각각 그만큼의 "난수"를 만들 수도 있습니다. 그림 19.12의 왼쪽 위에 있는(6, 2, 8이 쓰인 면이 보이는) 주사위는 엇겹오각뿔(*pentagonal trapezohedron*)—열 개의 합동인 연 모양의 면이 있는 입체—입니다. [이것은 그림 19.5(c)에 나와 있는 엇오각기둥의 쌍대입니다.] 이런 모양의 주사위는 한 자리 난수를 만드는 데 사용할 수 있기 때문에 확률과 통계를 가르치는 사람들 사이에 잘 알려져 있습니다. 물론 정이십면체 주사위에 {0,1,2, ···, 9}를 두 번씩 써서 활용할 수도 있습니다.

19.2 마름모 십이면체

정육면체는 공간을 채우는(*space-filling*) 유일한 정다면체입니다. (공간을 채우는 다면체란, 10장에서 평면에 타일을 까는 다각형과 비슷하게 공간에 "타일을 까는" 다면체를 말합니다.) 공간을 채우는 또 다른 입체로 마름모 십이면체(*rhombic dodecahedron*)—면이 열두 개의 마름모로 이루어진 입체—가 있습니다. 그림 19.13에서 (a)는 마름모 십이면체의 그림이고 (b)는 각 면의 모양이며 (c)는 마름모 십이면체를 만들기 위한 전개도입니다.

다음은 [Senechal and Fleck, 1988]을 요약한 것으로 마름모 십이면체가 "공간을 메우는 것", 즉 공간을 채우는 입체임을 보여주는 과정입니다(그림 19.13 참조).

(i) 한 변의 길이가 14.1 cm인 정팔면체를 만든다($14.1 \simeq 10\sqrt{2}$).

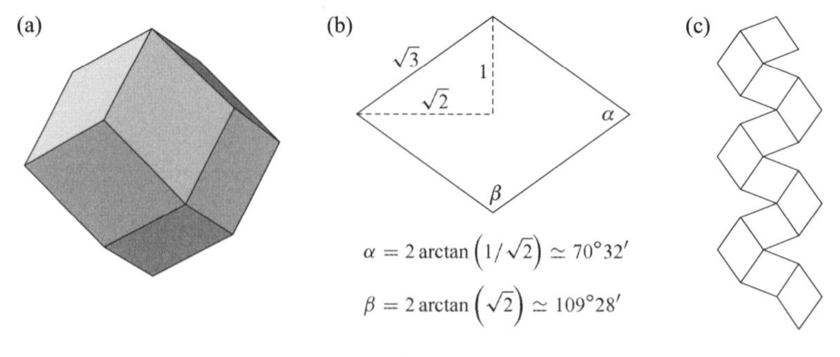

그림 19.13

(ii) 한 변의 길이가 10 cm인 정육면체를 만든다.

(iii) 한 변의 길이가 10 cm인 정사각형을 밑면으로 하고 합동인 두 변의 길이가 8.7 cm인 이등변 삼각형을 옆면으로 하는 정사각뿔을 여섯 개 만든다($8.7 \simeq 5\sqrt{3}$).

(iv) 한 변의 길이가 14.1 cm인 정삼각형을 밑면으로 하고 합동인 두 변의 길이가 8.7 cm인 이등변 삼각형을 옆면으로 하는 정삼각뿔을 여덟 개 만든다.

(v) (iii)에 있는 여섯 개의 정사각뿔을 그림 19.14(a)처럼 십자가 모양으로 배열해 보면, 안쪽으로 접었을 때 여섯 개의 정사각뿔이 중심에 만나게 되는 정육면체가 됨을 알 수 있다. 이 여섯 개의 정사각뿔을 (i)에 있는 정육면체의 각 면에 붙이면 마름모 정십이각형이 만들어진다. 따라서 이 마름모 정십이각형의 부피는 정육면체의 두 배가 되며, 정육면체의 모서리는 마름모의 짧은 대각선과 일치하게 된다. 정육면체가 공간을 채우므로 마름모 정십이각형도 공간을 채우게 된다.

(vi) 이와 비슷하게, (iv)에 있는 정삼각뿔 네 개를 가지고 그림 19.14(b) 처럼 배열해 보면, 안쪽으로 접었을 때 정사면체가 됨을 알 수 있다.

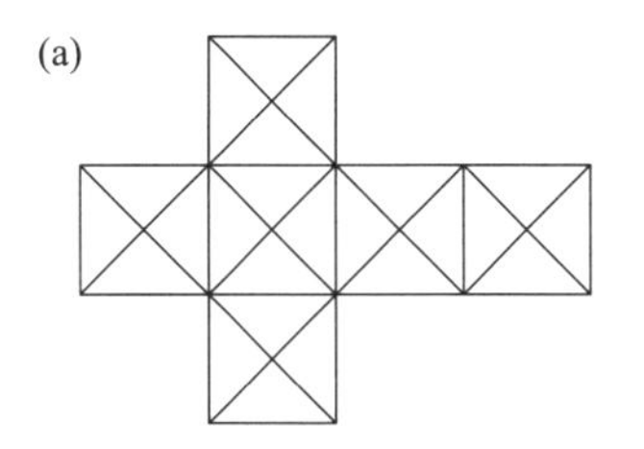

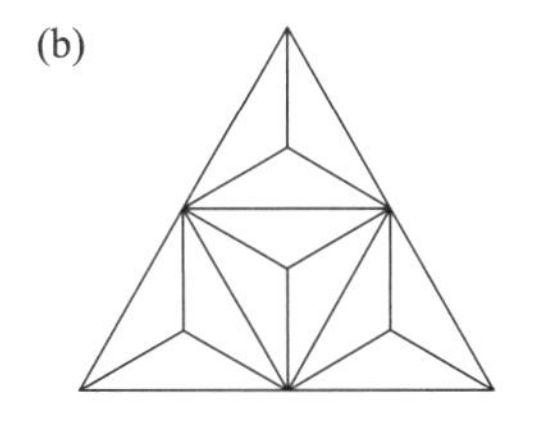

그림 19.14

(vii) 여덟 개의 정삼각뿔을 (i)에 있는 정팔면체의 각 면에 붙이면 (또 다시!) 마름모 정십이각형이 만들어지고 (v)와 합동이 된다. 정팔면체의 모서리는 마름모의 긴 대각선과 일치한다. 마름모 정십이각형이 공간을 채우기 때문에(비록 자기 혼자서는 공간을 채우지 못하지만), 정사면체와 정팔면체가 합쳐진 모양도 공간을 채우게 된다.

19.3 다시 보는 페르마의 점

우리는 6.4절에서 삼각형에서의 페르마의 점—예각 삼각형 ABC 내부에 있으며 $\overline{FA}+\overline{FB}+\overline{FC}$를 최소로 하는 점 F—을 살펴보았습니다. F를 찾기 위해서 삼각형 $\triangle ABC$의 각 변 위에 정삼각형을 만들고 삼각형 $\triangle ABC$의 각 꼭짓점에서 마주보는 변 위에 세워진 정삼각형의 꼭짓점을 연결했습니다. 그 세 직선의 교점이 바로 페르마의 점이었습니다.

비누막을 이용하면 삼각형에서의 페르마의 점을 눈으로 볼 수 있습니다. 플라스틱판 두 장을 준비한 다음 삼각형 $\triangle ABC$의 꼭짓점 위에 세 개의 막대를 세워 그 두 판 사이에 둡니다. 한쪽을 잘 잡고 비누용액에 집어넣었다가 건져내면 그림 19.15처럼 막대 사이에 세 개의 비누막이 생기게 되는데, 이 교점이 페르마의 점이 됩니다.

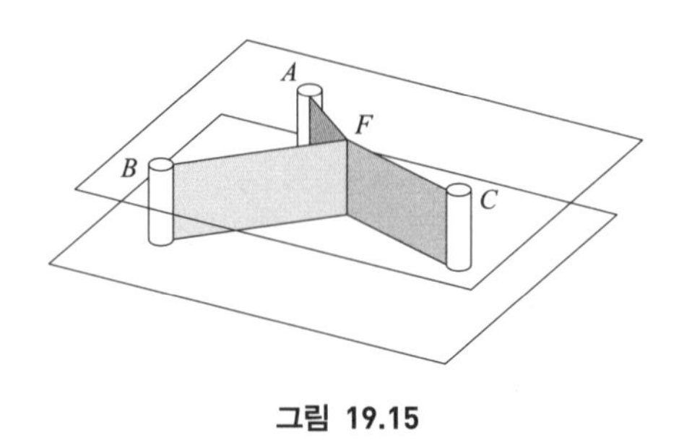

그림 19.15

비누막의 표면장력이 비누막의 겉넓이를 최소화하면서 안정된 형태를 유지시키게 됩니다. 여기서는 교점에서 세 꼭짓점(막대)까지의 거리가 최소화되는 것입니다.

삼각형에서뿐만 아니라 다른 경우의 페르마의 점을 찾는 데에도 같은 아이디어를 사용해 볼 수도 있을 것입니다. 네 점일 경우는 어떻게 하면 될까요? 특정한 네 점에 대해서는 수식을 통해 찾을 수 있지만, 일반적인 네 점에 대해서는 아직까지 풀리지 않은 문제입니다.

수업을 위한 의견. 페르마의 점과 어떤 두 꼭짓점을 연결하면 항상 120도를 유지하게 됩니다(도전문제 6.4 참조). 이 사실은 페르마의 점을 찾는 또 다른 방법을 시사해 줍니다. 두 장의 투명한 종이를 준비해서 한 장에는 삼각형 ABC를 그리고 나머지 한 장에는 중심 F로부터 120도 각도를 유지하면서 뻗어나가는 세 개의 직선을 그립니다. 이 투명종이의 세 직선이 처음 투명종이에 있는 삼각형의 꼭짓점을 지나도록 놓으면 F가 페르마의 점이 됩니다.

| 도 | 전 | 문 | 제 |

19.1 (각 정사각형은 다른 정사각형과 최소한 한 변을 공유하는) 여섯 개의 합동인 정사각형으로 이루어진 헥소미노는(대칭되는 모양도 포함해서) 모두 몇 가지가 가능할까요? 어떤 헥소미노가 정육면체를 펼친 모양일까요?

19.2 전형적인 정육면체 주사위에서 마주보는 면에 있는 숫자의 합은 7입니다. 몇 가지 방법으로 주사위를 만들 수 있을까요?

19.3 자연수 n에 대해서 $1, 2, \cdots, n$이 나올 확률이 모두 같은 주사위를 만드는 방법을 찾아봅시다.

19.4 마름모 십이면체를 공정한 주사위로 사용할 수 있을까요?

19.5 정육면체의 단면을 잘라서 만들 수 있는 정다각형은 무엇입니까? 정사면체를 자를 경우에는? 정팔면체를 자를 경우에는?

19.6 몇 가지 토러스(torus)가 그림 19.16에 있습니다. 토러스의 단면을 자르면 어떤 모양의(평면) 곡선이 생길까요?

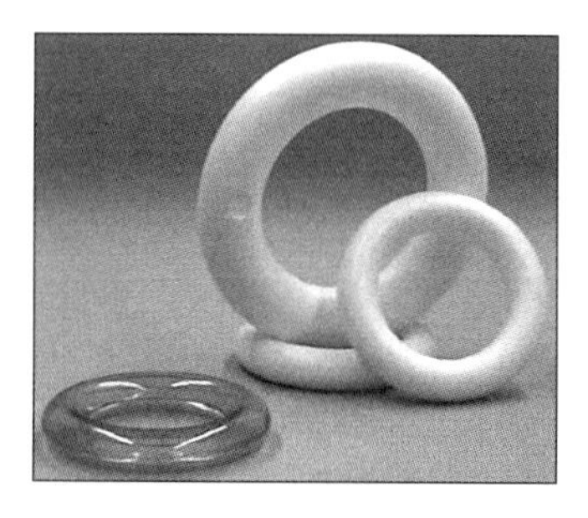

그림 19.16

19.7 (19.2절의) 마름모 십이면체는 한 변의 길이가 1인 정육면체에 여섯 개의 정사각뿔을 붙여서 만든 것입니다. 마름모 한 변의 길이는 얼마일까요?

19.8 비틀어 붙인 두 이각지붕(*gyrobifastigium*)은 그림 19.17처럼 두 개의 정삼각뿔을 밑면에 있는 정사각형에 붙여서 만든 입체입니다. 비틀어 붙인 두 이각지붕이 공간을 채우는 입체임을 증명해 봅시다. [힌트: 모형을 만들어 봅시다.]

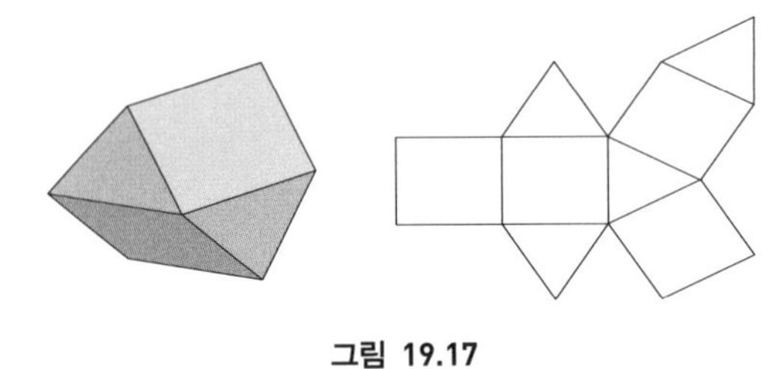

그림 19.17

CHAPTER 20

여러 가지 기법을 결합시키기

수학문제를 풀면서 여러 가지 문제의 해결 기법을 결합시키면 도움이 될 때가 많습니다. 수학의 정리들에 대한 눈으로 볼 수 있는 증명을 만들 때에도 마찬가지입니다. 이 장에서는 이미 앞서서 사용했던 많은 기법들을 결합해서 푸는 예들을 선보이려고 합니다.

20.1 헤론의 공식

세 변의 길이가 a, b, c인 삼각형의 반둘레(*semiperimeter*)를 $s = \dfrac{a+b+c}{2}$라 했을 때 그 넓이 K가 $K = \sqrt{s(s-a)(s-b)(s-c)}$로 주어진다는 헤론(Heron)의 놀라운 공식은 여러 가지 방법으로 증명할 수 있습니다. ([Nelsen, 2001]에 참고문헌이 있습니다.) 이 절에서는 헤론의 공식에 대한 증명을 간단한 대수문제로 풀 수 있게 해주는 두 개의 보조정리에 대해서 눈으로 볼 수 있는 증명을 하려고 합니다.

그림 20.1(a)처럼 $\triangle ABC$의 세 변의 길이를 a, b, c라 하고 (헤론이 한 것처럼) 각의 이등분선을 그어 (길이가 r인) 내접원(*incircle*)의 중심을 표시합니다. 내접원의 반지름을 각 변에 닿게끔 그리면 여섯 개의 직각삼각형으로 원래의 삼각형이 나눠집니다. 각 변의 길이는 그림 20.1(b)에 표시되어 있습니다.

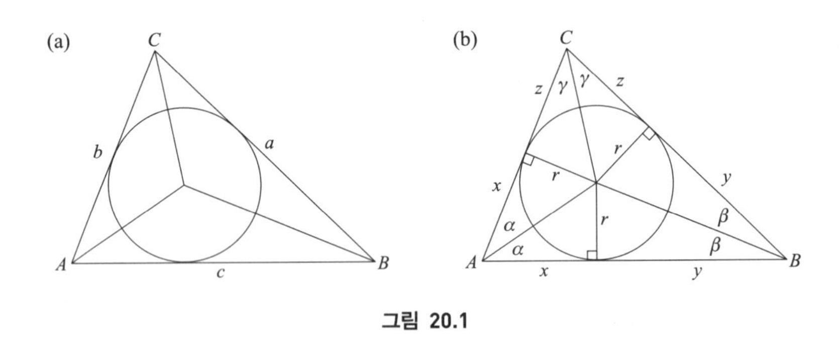

그림 20.1

보조정리 1 삼각형의 넓이 K는 내접원의 반지름과 반둘레의 곱과 같다.

증명. 여섯 개의 삼각형이 모두 직각삼각형이므로 그림 20.2처럼 변의 길이가 각각 r, $x + y + z = s$인 직사각형으로 재배열할 수 있습니다.

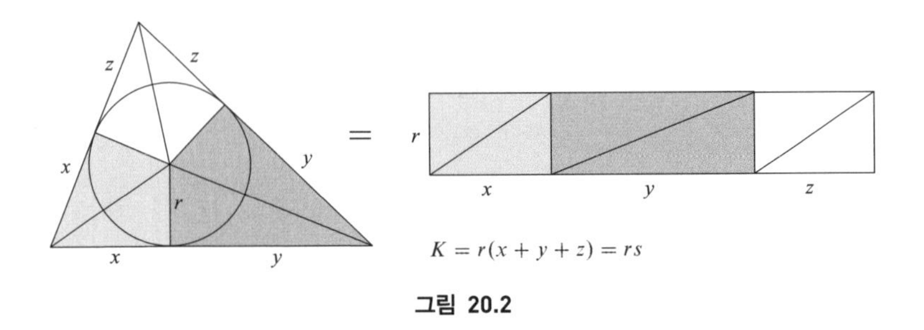

그림 20.2

보조정리 2 α, β, γ가 $\alpha+\beta+\gamma=\frac{\pi}{2}$를 만족시키는 양의 각이면 $\tan\alpha\tan\beta+\tan\beta\tan\gamma+\tan\gamma\tan\alpha=1$이다.

증명. 먼저 그림 20.3처럼 한 예각이 α이고 두 변의 길이가 1, $\tan\alpha$인 직각삼각형을 만든 다음, 한 예각이 β인 직각삼각형을 만듭니다. 그러면 한 예각이 α인 작은 직각삼각형의 두 변의 길이는 각각

$$\tan\beta, \tan\alpha\tan\beta$$

가 됩니다. 마지막으로 한 예각이 γ인 직각삼각형을 만듭니다. $\alpha+\beta+\gamma=\frac{\pi}{2}$이므로 이 그림은 직사각형이 되어 왼쪽 변과 오른쪽 변의 길이가 같게 됩니다.

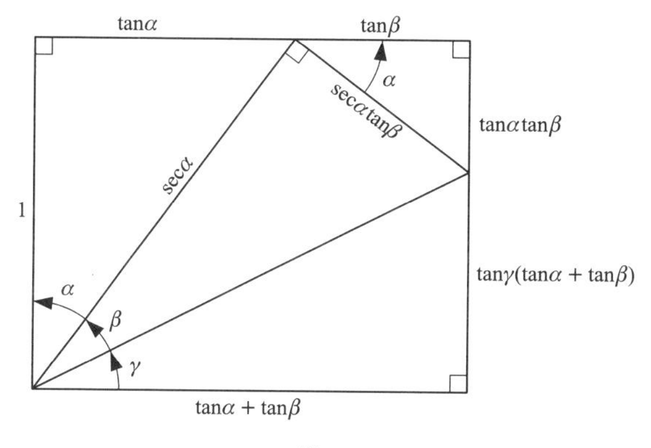

그림 20.3

정리(헤론의 공식) 세 변의 길이가 a, b, c인 삼각형의 반둘레를

$$s=\frac{a+b+c}{2}$$

라 했을 때, 그 넓이 K는 $K=\sqrt{s(s-a)(s-b)(s-c)}$이다.

증명. 보조정리 2를 그림 20.1(b)에 적용하면

$$\begin{aligned}1 &= \tan\alpha\tan\beta + \tan\beta\tan\gamma + \tan\gamma\tan\alpha \\ &= \frac{r}{x}\cdot\frac{r}{y} + \frac{r}{y}\cdot\frac{r}{z} + \frac{r}{z}\cdot\frac{r}{x} \\ &= \frac{r^2(x+y+z)}{xyz} = \frac{r^2 s}{xyz} = \frac{K^2}{sxyz}\end{aligned}$$

이 됩니다. 마지막 과정은 보조정리 1을 이용한 것입니다. 반둘레 s는 $s = x+y+z = x+a = y+b = z+c$를 만족시키므로

$$K^2 = sxyz = s(s-a)(s-b)(s-c)$$

가 됩니다.

20.2 사각형의 법칙

평행사변행의 대각선 길이의 제곱의 합은 각 변 길이의 제곱의 합과 같다는 사실을 12.1절에서 살펴보았고, 이를 평행사변형의 법칙이라고 불렀습니다. 이것을 임의의 볼록 사각형에 일반화시켜 보겠습니다.

정리 임의의 볼록 사각형의 각 변 길이의 제곱의 합은 대각선 길이의 제곱의 합과 대각선의 중점들 사이의 거리 제곱에 네 배를 더한 값과 같다 (그림 20.4 참조).

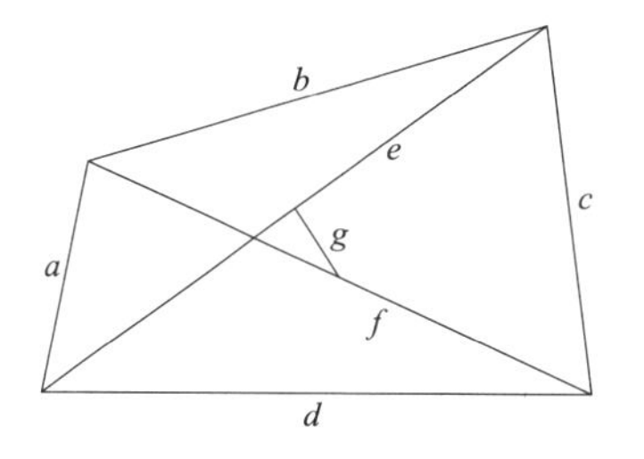

$$a^2 + b^2 + c^2 + d^2 = e^2 + f^2 + 4g^2$$

그림 20.4

증명. 그림 20.5(a)처럼 사각형의 각 변의 중점을 대각선의 중점과 연결시키면 두 개의 평행사변형이 만들어집니다. (삼각형의 두 변의 중점을 잇는 선분은 나머지 한 변에 평행하고 그 길이는 반이 됨을 떠올려 봅시다.)

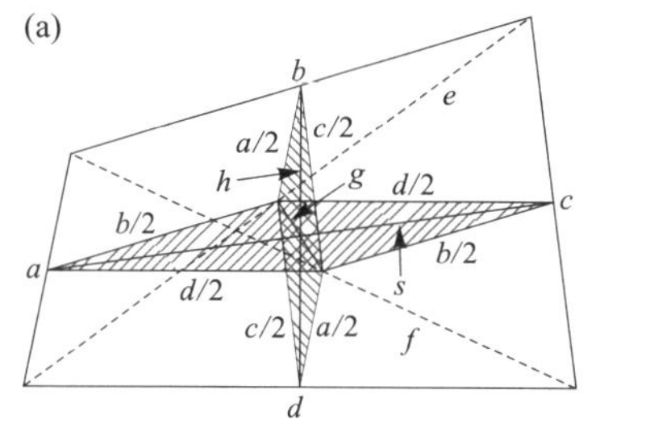

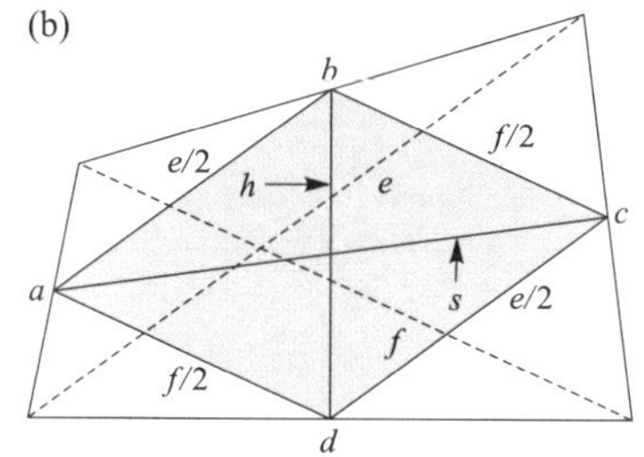

그림 20.5

그림 20.5(a)에 있는 빗금을 친 평행사변형에 평행사변형의 법칙을 적용하면

$$g^2 + h^2 = 2\left(\frac{a}{2}\right)^2 + 2\left(\frac{c}{2}\right)^2 \text{과 } g^2 + s^2 = 2\left(\frac{b}{2}\right)^2 + 2\left(\frac{d}{2}\right)^2$$

이 됩니다. 그 둘을 더하면,

$$2g^2 + s^2 + h^2 = 2\left(\frac{a}{2}\right)^2 + 2\left(\frac{b}{2}\right)^2 + 2\left(\frac{c}{2}\right)^2 + 2\left(\frac{d}{2}\right)^2$$

이 됩니다. 그림 20.5(b)처럼 사각형의 각 변의 중점을 연결하면 또 다른

평행사변형이 되므로

$$s^2 + h^2 = 2\left(\frac{e}{2}\right)^2 + 2\left(\frac{f}{2}\right)^2$$

이 성립합니다. 마지막 두 식을 연립하면 (분수도 없애면) 원하는 결과를 얻게 됩니다.

20.3 프톨레마이오스의 부등식

우리는 7.1절에서 프톨레마이오스의 정리—원에 내접하는 사각형에서 대각선의 길이의 곱은 마주보는 변의 길이를 곱한 합과 같다—를 살펴보았습니다. 일반적인 사각형에서는 어떻게 될까요? 일반적인 볼록 사각형의 경우, 그림 20.6[Alsina, 2005]이 보여주는 것처럼 대각선의 길이의 곱은 마주보는 두 변의 길이를 곱한 합보다 작거나 같습니다.

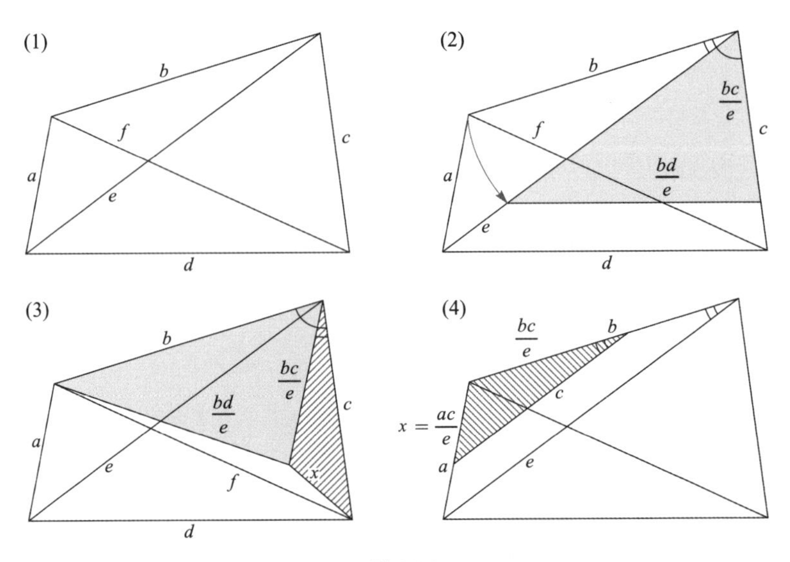

그림 20.6

처음 장면의 볼록 사각형에서 길이가 b인 변을 회전시켜 길이가 e인 대각선 위에 오게끔 한 뒤, 길이가 d인 변과 평행인 선분을 그은 것이 두 번째 장면입니다. 여기서 생겨난 삼각형(회색 부분)은 세 변의 길이가 c, d, e인 삼각형과 닮음이 됩니다.

세 번째 장면에서는 그림처럼 회색 삼각형을 회전시킨 다음, 길이가 x인 선분을 그은 것입니다. 여기서 $\frac{bd}{e} + x \geq f$가 됩니다. 빗금을 친 삼각형은 세 변의 길이가 a, b, e인 삼각형과 닮음이 됩니다. (공통으로 표시된 각에 인접하는 변의 길이가 비례합니다.) 따라서, 네 번째 장면처럼 삼각형을 이동시킬 수 있습니다. $x = \frac{ac}{e}$이므로

$$\frac{bd}{e} + \frac{ac}{e} \geq f$$

즉 $ef \leq ac + bd$가 됩니다.

20.4 또 다른 최단거리

9.4절에는 직육면체 모양의 방에 있는 거미와 파리 사이의 최단거리를 찾는 방법을 살펴보았고, 18.1절의 도전문제 6에서는 원기둥 둘레에 있는 두 점 사이의 최단거리를 살펴보았습니다. 원뿔 위에서의 최단거리는 어떻게 구할까요? 이 질문과 관련된 문제를 하나 살펴보겠습니다[Steinhaus, 1938]. 원뿔 위에 (꼭짓점이 아닌) 한 점에서 그림 20.7(a)처럼 원뿔을 한 바퀴 돌아 제자리로 오려고 합니다. 최단거리는 얼마일까요?

앞서 했던 대로, 입체와 관련된 이 문제를 평면에서 살펴보도록 하겠습니다. 그러기 위해 그림 20.7(a)에 있는 주어진 점과 꼭짓점을 잇는 선분과 정반대편에 있는 점선을 따라 원뿔을 잘라 그림 20.7(b)처럼 펼

칩니다. 그러면, 원뿔의 옆면이 이제 부채꼴이 되었고, 최단거리는 점선과 수직인 두 선분으로 구성됩니다.

그런데, 어떤 원뿔에서는 다른 방법으로 풀어야 됩니다. 도전문제 20.7을 참조하세요.

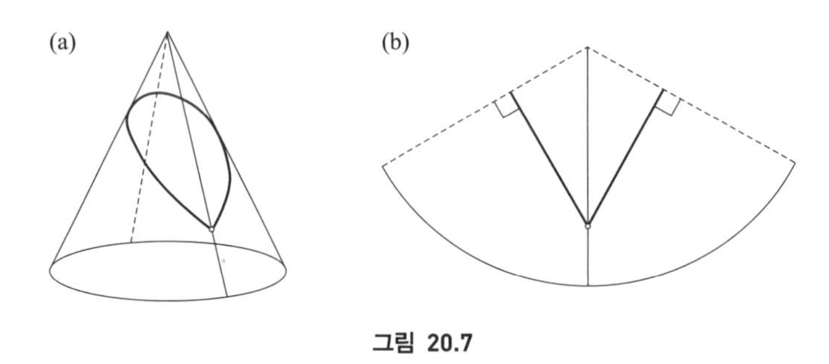

그림 20.7

20.5 정육면체를 조각내기

그림 20.8처럼 커다란 정육면체가 하나 있습니다. 이 정육면체를 많이—백 개든 백만 개든—조각내어 작은 정육면체들을 만들려고 합니다. 자르는 동안 조각들을 다시 재배열할 수 있다고 한다면 최소한 몇 번을 잘라야 할까요?

그림 20.8

좀 "적은" 횟수를 가지고 시도해 보도록 하겠습니다. n^3개의 작은 정육면체를 만들기 위해서 잘라야 하는 최소한의 횟수를 $f(n)$이라 하겠습니다. 우선 $f(1) = 0$이고 $f(2) = 3$인 것은 분명합니다. 가운데 작은 정육면체에는 여섯 면이 있고 한 번 잘라서 동시에 두 면을 만들 수는 없기 때문에 27개를 만들려면 최소한 여섯 번을 잘라야 합니다. 따라서 $f(3) = 6$이 됩니다. 자르는 동안 조각을 재배열해서 시도해 보면, $f(4) = 6$이 되고, $f(5) = f(6) = f(7) = f(8) = 9$가 됩니다.

더 큰 n에 대해서는 이렇게 계속 시도해 보든가 아니면 낮은 차원의 문제로 바꿔서 풀어볼 수 있습니다. 자르는 동안 조각들을 다시 배열할 수 있다고 가정하고 정사각형 모양의 두꺼운 종이를 잘라서 n^2개의 작은 정사각형을 만든다고 생각하든가, 아니면 막대를 n개로 나눈다고 생각해 봅시다. 막대 문제는 눈으로 볼 수 있게 만들기 쉬울 것인데, n이 2의 거듭제곱의 사이에 놓이면, 즉 $2^{k-1} < n \leq 2^k$이면 k번 잘라내어야 됨을 알 수 있습니다. 따라서 n조각을 얻기 위해서는 $\lceil \log_2 n \rceil$번을 잘라야 됩니다. 여기서 $\lceil x \rceil$는 x보다 크거나 같은 최소정수를 뜻합니다. 각 차원마다 $\lceil \log_2 n \rceil$번을 잘라야 되므로 정육면체에서는 $f(n) = 3\lceil \log_2 n \rceil$이 될 것으로 추정해 볼 수 있습니다. [Tanton, 2001a]에 보면 이에 대해 귀납법을 사용한 멋진 증명이 나옵니다. 따라서 백만 개의 작은 정육면체를 얻으려면 $f(100) = 3\lceil \log_2 100 \rceil = 21$번만 자르면 됩니다.

20.6 꼭짓점, 면, 다면체

다음과 같은 질문을 생각해 봅시다.

두 개의 다면체가 공간상의 똑같은 점을 꼭짓점으로 가진다면 두 다면체는 합동일까요? 만약 이 둘이 볼록 다면체라면 답은 그렇다 입니다. 그러나 오목 다면체도 포함시켜서 물어본다면 그림 20.9(a)에 나와 있는 것처럼 답은 아니오 입니다. 여기서 두 다면체는 똑같은 점 7개를 꼭짓점으로 가지고 있지만, 왼쪽의 것은 오목 다면체이고 오른쪽의 것은 볼록 다면체입니다.

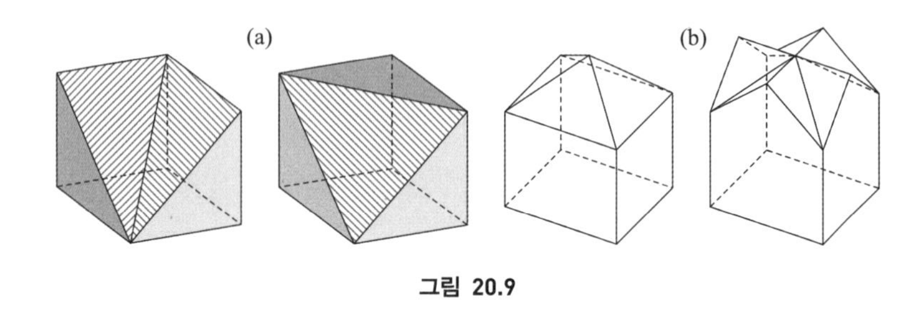

그림 20.9

이와 관련된 질문이 하나 있습니다. 만약 두 다면체의 면이 놓이는 평면이 모두 같다면 그 둘은 합동일까요? 같은 평면에 놓인 면들로만 구성된 볼록 다면체와 오목 다면체가 그림 20.9(b)에 나와 있습니다.

3차원 모형—실제이든 가상이든—을 이용하면 평면에서 성립하던 성질과 대응되는 성질이 공간에서는 성립되지 않을 수도 있다는 반례를 찾는 데에 도움이 될 수 있습니다.

| 도 | 전 | 문 | 제 |

20.1 그림 20.10과 같이 볼록이 아닌 사각형에서도 사각형의 법칙이 성립할까요?

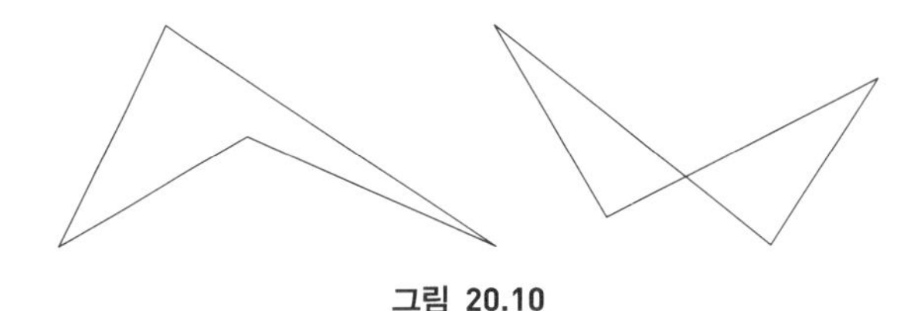

그림 20.10

[힌트: 그림 20.4에 있는 것처럼 그려서 시도해 봅시다.]

20.2 프톨레마이오스의 부등식은 위의 도전문제에 있는 사각형에서도 성립할까요?

20.3 α, β, γ가 한 예각삼각형의 세 내각일 때,

$$\tan\alpha + \tan\beta + \tan\gamma = \tan\alpha\tan\beta\tan\gamma$$

가 성립함을 증명해 봅시다.
[힌트: 그림 20.3과 비슷한 그림을 사용해 봅시다.]

20.4 두 양수 a, b에 대해서 함수 $f(t) = a\cos t + b\sin t$ 의 최대, 최솟값을 찾아봅시다.

20.5 a, b, c를 세 변의 길이로 하는 삼각형이 있습니다. 이때, a, b, c를 세 중선의 길이로 하는 삼각형을 그려 봅시다.

20.6 한 변의 길이 a와 이를 밑변으로 했을 때의 삼각형의 높이 h_a, 또 다른 변의 길이 b와 이를 밑변으로 했을 때의 삼각형의 높이 h_b가 주어졌을 때 이 삼각형을 어떻게 그려야 할지 설명해 봅시다.

20.7 20.4절에 있는 원뿔의 밑면의 반지름을 r, 높이를 h라 했을 때, $h \geq r\sqrt{3}$ 이면 원뿔의 옆면을 둘러오는 최단거리가 없음을 증명해 봅시다.

20.8 20.6절에 나와 있는 두 질문을 평면에서 생각해 봅시다. (a) 두 다각형이 평면의 같은 점들을 꼭짓점으로 가진다면 그 둘은 반드시 합동일까요? (b) 두 다각형의 변이 포함되는 직선이 모두 같다면 그 둘은 반드시 합동일까요?

20.9 네 변의 길이가 a, b, c, d인 볼록 사각형이 한 원에 내접합니다. 반둘레 $s = \dfrac{a+b+c+d}{2}$라 했을 때, 사각형의 넓이를 구하는 브라마굽타의 공식 $K = \sqrt{(s-a)(s-b)(s-c)(s-d)}$ 를 그림으로 나타낸 증명을 구해 봅시다. 이 문제를 눈으로 볼 수 있게 만든 답은 아직 알려져 있지 않습니다.

MATH MADE VISUAL
CREATING IMAGES FOR UNDERSTANDING MATHEMATICS

PART II

눈으로 볼 수 있는 재미있는 수학 실험

수학적인 그림 그리기: 간략한 역사적인 조망

"조형예술에서 기하학의 위치란 글짓기에서의 문법과 같다."

-기욤 아폴리네르

수학은 아주 초창기부터 세 가지 서로 다른 수단—자연어(이집트 상형문자, 그리스어, 라틴어, 영어, …), 기호 언어(+, −, ×, =, … 등의 기호와 x, y, z, f, … 등의 심벌), 그림—이 복합되어 발전해 왔습니다. 수학적인 글에서 그림이 등장하는 두 가지 중요한 이유는, 말로 길게 설명하는 대신 적당한 그림을 제시하고 시각적인 직관에 근거한 지적 추론을 돕기 위해서입니다.

아래 그림은 모스코바 파피루스(이집트, BC 1850년경)의 일부인데 글과 기호, · · · , 사다리꼴이 그려져 있습니다.

그림 II.1

처음 시작된 대부분의 수학적인 형상은 이야기를 보조하는 수단이었습니다. 몇몇 문헌에서는 좀더 고차원적인 그림, 즉 수학적인 특성을 직접 보여주는 그림을 찾아볼 수 있습니다

그림 II.2는 일본문헌인데 왼쪽에 있는 그림은 원을 조각내어 직사각형 모양을 만드는 방법을 보여주고 있고 오른쪽 그림은 나선형을 만드는 방법을 보여주고 있습니다.

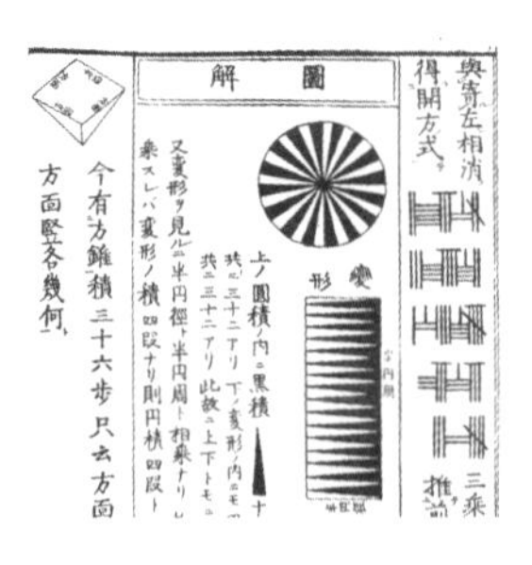

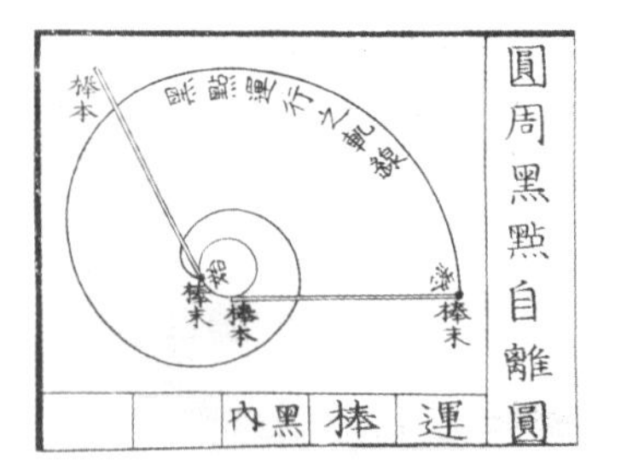

그림 II.2

그림 II.3은 중국 목판인데 산과 강을 그린 그림 위에 몇 가지 기하학적인 도형이 놓여 있는 것을 볼 수 있고, 파스칼의 삼각형 이미지도 보입니다.

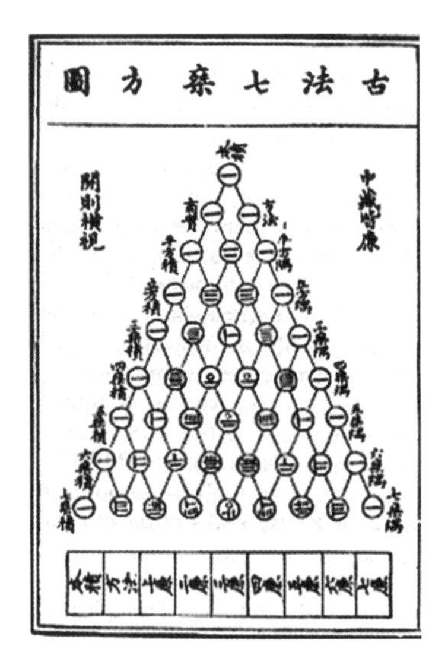

그림 II.3

앨버트 뒤러(1471~1528) 같은 유명한 예술가들은 새로운 방식의 표현을 선보였습니다. 그림 II.4의 왼쪽 그림은 뒤러가 그린 정이십면체인데, 스무 개의 삼각형 모양의 면을 그려 놓은 평면도와 함께 철사로 구조를 만든 두 개의 그림을 선보이고 있습니다.

더 나은 그림을 만들기 위한 욕구는 또한 기하학의 여러 분야를 발전시켰습니다. 도형 기하학은 좀더 정밀한 투시도를 만들게끔 해주었는데, 요하네스 케플러(1571~1630)가 그린 것들이 그림 II.4의 오른쪽에 나와 있습니다.

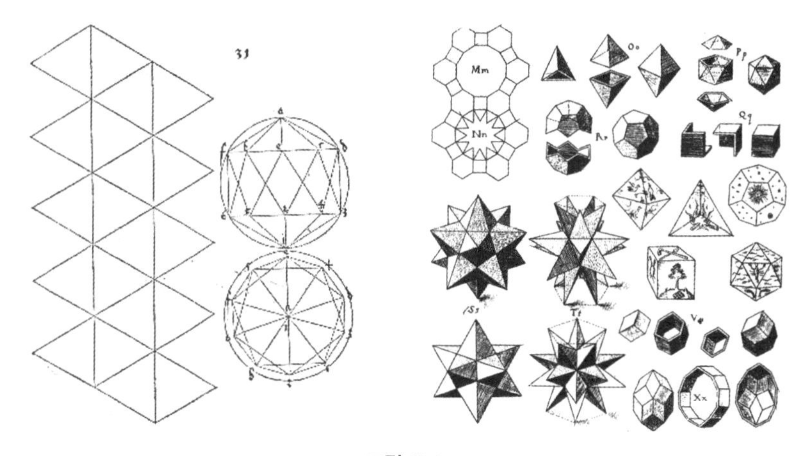

그림 II.4

인쇄술 발명의 가장 주목할 만한 결과는 물론 서책이 폭넓게 보급되게 된 것인데, 그림을 복사할 수 있는 새로운 계기가 되었습니다. 그림 II.5는 Hans Lencker가 1622년에 출간한 《원근법(*Perspectiva*)》이라는 책의 표지입니다. 긴 세월 동안 기하학적인 물체는 원근법을 이용해서 그림을 그리는 데 필수적인 모델이 되었고, 이것이 또한 다면체의 연구를 촉진시켜 왔습니다.

그림 II.5

오늘날 이용 가능한 쌍방향 컴퓨터나 계산기 같은 과학기술의 힘을 빌린 도구와 소프트웨어는 눈으로 보는 이미지의 발전과 함께 계산기하학—부분적으로는 과학기술을 이용해서 그림이 관련된 어려운 문제를 다루는 분야—같은 새로운 수학 분야의 발전을 불러일으켰습니다.

시각적으로 사고하기

"책에 단 하나의 그림도 넣지 않기로 결심했다."

–장 듀돈네

"그림을 그려라."

–조지 폴리아

위에 인용한 글은 그림을 이용하는 것에 대한 두 가지 극단적인 입장을 대변합니다. 듀돈네와 많은 수학자들은 수학을 정확하게 표현하는 유일한 방법은 형식적인 언어를 기반으로 한 격식에 맞는 논문뿐이라 한 반면, 폴리아는 수학 문제가 때로는 그림으로 나타내었을 때 가장 잘 풀릴 수 있다고 했습니다.

엄밀성을 위해 직관의 역할을 최소화해야 한다는 수학자들의 전통적인 주장 외에도 "인식"의 문제가 있을 수 있다는 반대 의견들도 있었습니다. 즉 보이는 이미지가 현실에 대한 잘못된 인식을 줄 수 있다는 것입니다. 예를 들어, 평면 텔레비전과 컴퓨터 모니터를 생산하는 플래트론(Flatron) 사의 최근 광고 문구는 "인식은 종종 현실도 바꿀 수 있다"는 것입니다. 여기서 우리가 추구하려는 것은 이런 관점은 아닙니다.

수학을 배우기 위해서건 수학적인 연구를 하기 위해서건 **시각적으로 사고하는 방법**을 개발하는 데에 주의를 기울여야 하는 것은 분명합니다. 수학적인 발견을 학습하는 데 있어서 내부적인 시각화가 중요한 역할을 하며 어떤 경우에는 이러한 과정이 새로운 연구의 초석이 될 수도 있습니다. 존 에덴서 리틀우드(J.E. Littlewood)는 그의 유명한 책《수학자의 신변잡기(*A Mathematician's Miscellany*)》[Littlewood, 1953]에서 "그림은 엄밀하지 않다는 엄중한 경고가 계속되어 왔는데, 이러한 허세는 들통 난 적 없이 계속해서 사람들을 두려움에 빠지게 만들었다"고 기술하고 있습니다. 이 절에서 우리는 여러 수학자들의 생각에 중점을 두면서 우리 모두를 위해 시각적으로 사고하는 것이 중요하다는 데에 강조점을 두려고 합니다.

루돌프 아른하임(Rudolf Arnheim) [Arnheim, 1970]에 따르면 시각적으로 사고하는 것은 "합치고 나누고 문맥 안으로 집어넣는 과정일 뿐만 아니라, 적극적으로 탐구하고 선택하고 본질을 파악하고 단순화하고 추상화하고 분석하고 종합하고 마무리 짓고 교정하고 비교하고 문제를 푸는 것"입니다. 즉 시각적인 사고란 다양한 상황에 응용될 수 있는 강력한 도구인 셈입니다.

[Senechal, 1991]에서 시각화(*visualization*)에 대한 정의와 함께 시각화와 시각적인 사고의 틀과의 일반적인 관계를 찾을 수 있는데, 시각적인 사고를 발전시키면서 어떠한 이미지(그림, 물체, 그래프, 도형, …)를 만들어 내는 과정을 시각화라 한다고 나와 있습니다.

P.R. Richard[Richard, 2004]는 시각화가 비유적인 추론을 위해 중요하다고 하면서 다음과 같이 기술하고 있습니다.

> 한편으로는 기하학에서 언어나 기호뿐만 아니라 그림이나 시각적 이미지(머릿속에 있는 그림)에도 기반을 두며 논증한다는 사실이 잘 알려져 있다. 반성(시각적인 이미지와 관념 사이의 관계를 발전시키는 것)을 조정하는 것처럼 행동(선을 긋거나 그리기 도구를 조작하는 것)을 조정하며 자신의 논증을 정당화하는 것이다. 반면에, 사람들은 말(언어적—상징적) 과 말이 아닌(비언어적—상징적) 논증의 차이를 인정하면서도 후자가 직관적인 생각이나 행동으로만 옮길 수 있는 생각 이외의 논증형태와 관련될 가능성은 거의 고려하지 못한다.
>
> 학생들은 언어 명제를 쓸 때와 같은 목적으로 그림이나 만화를 언어로 이뤄진 증명에 사용한다. 어떤 단계를 덧붙이거나 특정 단계를 정당화하기 위해 언어로 이뤄진 논증에 그림 논증을 덧붙이는 것이다. 증명과정에서 발전된 주제의 연속성에 비추어 추론한 언어 명제를 아무리 살펴보아도, 그런 그림이나 만화를 없앤다면 논증을 조금도 알아낼 수 없을 정도의 상징적인 추론이 만들어진다.

재미있는 수학적인 이미지가 시각적인 사고 과정의 독창성과 창의

성을 증진시키는 데 일조할 것이라는 기대를 가지고 시각화하는 몇 가지 방법을 소개하는 데에 이 책의 1부를 할애했습니다.

교실에서의 시각화

"보아라. 그것이 믿음이다!"

–프랑스 속담

미국 수학교사협의회가 2000년에 제시한 학교 수업에 대한 기준[NCTM, 2000]은 문제 해결, 추론, 증명, 대화, 연결과 표현입니다. 이 모든 것은 학생들이 시각적으로 사고하든가 시각화를 할 수 있는 수단이 있어야 가능한 것들입니다.

역사적으로 보면 교실에서의 시각화는 종이와 연필 또는 칠판과 분필로 이루어져 왔습니다. 더 많은 학생들이 컴퓨터나 그래핑 계산기를 사용하게 되면서 이런 방식은 바뀌겠지만 결코 완전히 사라지지는 않을 것입니다.

그림 II.6

과학기술은 오버헤드 프로젝터 위에 투명한 종이를 놓는 것으로부터 컴퓨터를 이용해 정확한 그림을 그려서 화면에 띄울 수 있게끔 하는 최신 소프트웨어(Cabri II™ , Cabri 3D™ , Geometer's Sketchpad®, Cinderella, Mathematica®, Maple®, Derive™ , Matlab®, Geup, …)에

이르기까지 시각적인 체험의 새로운 가능성을 열어 주었습니다. 인터넷을 통해 교실에서 활용할 수 있는 고화질의 다양한 그림들을 얻을 수도 있습니다.

분필에서 최신 소프트웨어에 이르는 시각화를 위한 도구들 외에도 교실에서의 시각화는 그 자체로 교육적인 가치가 있습니다.《학교 수학을 위한 원리와 기준(*Principles and Standards for School Mathematics*)》 [NCTM, 2000]을 보면 학생들이 "수학적인 표현들을 선택하고 적용하고 고쳐서 문제를 풀 수 있어야" 한다고 표현 기준에서 밝히고 있습니다. 오늘날에는 표현의 고전적인 형태(활동적, 영상적, 상징적)에 덧붙여 혼합된 표현들로 이루어진 더 넓은 틀을 생각해 볼 수 있습니다. 예컨대 [Wong, 2004]에서 저자는 숫자와 상징, 단어, 도형, 물체, 이야기로 이루어진 다중 사고 판을 제시했는데, "도형"에는 삽화, 사진, 그래프, 도표, 숫자 등이 포함되어 있습니다.

처음에 시각화는 직관을 개발시키거나 문제를 푸는 단초를 주기 위한 것, 또는 개념을 알아내기 위한 도구였을 것입니다. 그러나 증명을 만드는 과정에서는 중요한 역할을 한다고 볼 수 있습니다. Werner Blum[Blum and Kirsch, 1991; 1996]은 "정당화" 되거나 "납득될" 만한 문맥적 지식으로 입증되는 논증인 소위 현실에 근거한 증명(*reality-based proofs*) (또는 문맥을 고려한 증명)을 다뤄왔습니다. 예를 들어, "만약 함수 f의 도함수 f'이 어떤 구간에서 0이면 그 함수는 상수함수"임을 이해하기 위해서 자동차의 모습을 떠올리고, 함수 $f(x)$가 (어떤 축에서) 시간 x일 때의 자동차의 위치를 나타내는 것이라고 생각합니다. 그러면 $f'(x)$는 자동차의 순간속도가 됩니다. 어떤 시간 동안 $f'(x) = 0$이라면(자동차가 움직이지 않았다면), $f(x)$는 상수가 됩니다. (자동차가 그 자리에 가만히 있습니다.)

증명이란 수학자들의 연구에 필수적인 요소입니다만 교실에서의 증명은 관찰 중인 속성을 설명하는 부가적인 가치를 가질 수 있습니다. 최근에 G. Hanna와 H.N. Jahnke[Hanna and Kahnke, 2004]가 쓴 글을 봅시다.

> 학교 수학에서 설명적인 증명은 다른 문맥에서와 마찬가지로 주장이 참임을 보여줄 뿐만 아니라, 그 주장이 왜 참인지를 이해하는 데에도 분명히 도움을 준다. 이러한 증명의 목적은 항상 그 주장에 놓여 있는 관계들을 더 넓은 수학적인 문맥에서 조망하게끔 해준다. 그런데, 교실에서의 설명적인 증명은 학생들의 제한된 수학적인 지식을 고려해서 그들에게 잘 알려져 있는 대상의 성질들을 이용해서 제시되어야 한다. 이를 위해 시각화의 비판적인 활용[Hanna, 1990], 다이내믹 소프트웨어를 이용한 탐구[de Villiers, 1999], 학생들의 인지 발달에 적합한 지필 증명(pencil-and-paper proofs), 물리학 논증의 활용 같은 다양한 방법들이 쓰여졌다.

물리학 논증을 활용한 예로서 다음 문제를 생각해 봅시다. 볼록 다면체의 i번째 면의 넓이를 A_i라고 하고, 이 면에서 다면체의 외부로 향하는 법선벡터를 $\vec{n}_i$라 하면 $\sum A_i \vec{n}_i = 0$이 됩니다. 이 사실은 물리학적인 관점에서 아래와 같이 설명할 수 있습니다[Prasolov, 2000].

> 다면체를 가스로 가득 채웠다고 하자. i번째 생기는 기체의 압력은 $A_i \vec{n}_i$에 비례하는데 반해, 모든 면에 생기는 기체 압력의 합은 0이 된다(그렇지 않으면 계속 움직이는 물체가 된다).

수학적인 증명은 아마도 수학자들의 가장 두드러진 활동일 것입니다. 수학의 핵심이 증명이기 때문에[Davis and Hersh, 1981], [De

Villiers, 1999], [Rotman, 1998] 증명은 대다수 수학적인 연구의 목적이기도 하며, 일정한 격식을 갖춘 형태로 완성되어야 합니다. 증명과 증명하는 활동은 또한 학생들에게 수학에 대해 더 나은 이해를 돕는다는 관점에서 커다란 교육적인 가치를 가지고 있습니다[Hanna, 1990], [Lakatos, 1976], [Pólya, 1954, 1981]. 따라서, 중요한 것은 교실에 있는 모든 학생들의 수준에(적당한 주제에 대해서) 증명이 관련된 적절한 연습문제를 어떻게 구성하느냐 하는 것과 수학을 배우는 사람들의 흥미를 짓누르는 불필요한 형식주의와 엄격함을 어떻게 제거하느냐 하는 것입니다.

손으로 다룰 수 있는 자료의 역할

1~17장에서는 그래픽 이미지에 중점을 두었고 18~20장에서는 수학을 직관적으로 접근하거나 공간 감각을 발달시킬 수 있는 몇 가지 자료들을 제시했습니다. 수학에서 실험의 가치는 무엇일까요? [De Villiers, 2003]에 따르면 실험이란 직관, 귀납, 유추 등의 비연역적인 방법으로 구성되는 것으로 생각할 수 있는데 그 주요한 양상은 다음과 같습니다.

- **추측**(귀납적인 형태 찾기, 일반화, …)
- **입증**(명제나 추측이 타당하거나 참이라고 확신하기)
- **포괄적인 반증**(반례를 통해 명제가 거짓임을 밝히기)
- **발견적인 반증**(국소적인 반례를 통해 명제를 다시 만들거나 조정하기)
- **이해**(명제나 개념, 정의의 의미를 파악하거나 증명의 발견 돕기)

이렇게 보면 실험이 수학에서 중요하고 수학을 배우는 데에 중요한 역할을 한다는 것이 분명해집니다.

따라서, 손으로 다룰 수 있는 자료들이 있는 수학 실험실을 활용하거나 그런 자료들을 교실에 가져와서 학생들의 3차원에서의 시각적인 사고를 도울 수 있을 것입니다[Alsina, 2006].

공간을 다룬 문제와 시각적인 추론은 수학교육에 관련된 문헌에서 많은 주목을 받아 왔습니다. (예를 들어, [Bosch, 1994], [Brown, 1999], [Davis, 1993], [Davis and Hersh, 1981], [Dreyfus, 1994], [Hanna and Jahnke, 1996], [Hersh, 1993], [Lakatos, 1976], [Mason, 2004], [Richard, 2004], [Senechal 1991], [ZDM, 1994], [Zimmermann and Cunningham, 1991]) 그러나 대부분의 경우 교사들이 공간 기하학을 다루는 데에 자신이 없었기 때문에 수업 자료 목록을 보면 좋은 3차원 모형이 부족한 상황이며, 심지어 많은 학생들이 공간에 대한 지식 없이 의무교육을 마치고 있습니다.

몇몇 사람들은 모형을 만들고 실험을 하는 것이 저학년에게는 필요할지도 모르지만, 나중에는 좀더 복잡한 언어와 기호를 통한 표현으로 바뀌어야 된다고, 즉 "진짜 수학은 실험이 끝나고 나서 시작된다" 고 믿습니다. 그 믿음은 잘못된 것입니다. 추상적인 개념을 실험할 수 있는 자료들을 제공하지 못하는 형식적인 접근은 단순한 지적 게임에 불과하다는 연구 결과들이 나오고 있습니다. 시각적인 사고는 단지 추상화라는 메인 코스를 위한 전채가 아닙니다. 어떤 수준에 이르기까지는 공간적인 내용을 선택해서 가르쳐야 하겠지만 모든 연령대의 학생들에게 더 넓은 공간적인 문화(*spatial culture*)를 제공할 수 있다는 것은 분명합니다.

공간적인 감각은 타고나는 능력이라 할 수는 없기에 길러지고 개발되어야 합니다. 이것은 "공간에 대한 인식"이나 문화적으로 의존하는 "보통 수준의 이해"가 아닙니다. 공간에 대한 감각이 수학활동을 통해 제대로 길러지지 않거나 제 역할을 하지 못한다면, 학생들은 3차원 물체나 변환을 다루는 문제를 해결하려고 할 때 어려움을 겪을 수 있습니다. 특히, 이러한 공간감이 개발되지 못하면 학생들은 대번에 알 수 있는 답이 나오는 공간 문제에서도 복잡하고 부자연스러운 해법을 시도하려고 할 것입니다.

일부 교사들 사이에는 "수학적인 개념들 사이에는 위계질서가 있기 때문에 어렵다"는 보편적인 정서가 있습니다. 예를 들자면, 평면에 대한 공부를 마치고 나서 공간도형을 다루고, 고차 방정식으로 표현되어야 되는 몇몇 모양은 다루지 않고, 곡선을 다루고 나서야 곡면을 다루는 등입니다. 그 결과, 학생들이 3차원 공간에 대한 수학에 거의 친숙해지지 못하게 됩니다. "적절한 설명"을 찾는다면 기술적인 어려움을 선택의 기준으로 꼽지 않아도 공간을 탐구할 수 있습니다. 직관은 우리로 하여금 고차원적인 수학지식이 요구된다면 대부분의 사람들이 거의 볼 수 없었을 현실의 양상을 만나게끔 해줄 수도 있습니다.

우리의 주된 관심이 공간을 이해하는 데에 있지만, 공간을 탐구하다 보면 인류의 공간에 대한 지식, 예술적인 관념(조각, 투시도, 도안, …), 건축양식(건물, 구조물, …), 과학기술의 충격(로봇, 기계, 가상현실, …), 천연자원(사막, 숲, 강, 산, …) 등에 대한 역사와 연결되는 기회를 얻게 되는 것도 사실입니다. 이러한 응용의 예로는 [Bolt, 1991], [Cook, 1979], [Senechal, 1991], [Malkevitch, 1991], [Steen, 1994] 등을 참조하기 바랍니다.

평면에서도 풍부한 수학적인 개념을 찾아볼 수 있지만, 공간에서는 탐구정신을 유발할 수 있는 흥미롭고 자유로운 문제들을 찾아볼 수 있습니다. 우리는 수학이 재미있는 문제들을 많이 만들고 또 풀어볼 수 있는 활기찬 무대라는 관념을 증진시켜야 합니다. 3차원은 이런 일을 시작하기에 아주 좋은 출발점이 됩니다.

손으로 다룰 수 있는 자료들이 교실에서 하는 네 가지 중요한 역할은 다음과 같습니다[Alsina, 2005].

> 손으로 다룰 수 있는 자료들은 전통적인 방식으로는 불가능한 창의적인 해결책을 보여줄 수도 있다.

어떤 문제를 풀 수 있느냐 없느냐는 종종 다룰 수 있는 자료들에 달려 있을 때가 있습니다. 예를 들어 자와 컴퍼스만 사용하는 전통적인 기하학 문제들을 생각해 봅시다. 이 두 가지 도구만을 이용하는 그리스 전통은 역사적으로나 수학적으로나 중요한 가치를 지니지만, 너무 제한적이기 때문에 많은 기초적인 문제를 풀기에도 불충분합니다. 여기에 좀더 유용한 도구를 사용할 수 있다면 상황은 완전히 바뀔 것입니다. 예를 들어, 측정을 위해 눈금 있는 자나 이와 비슷한 도구를 사용할 수 있다면 어떤 각이든 삼등분할 수 있으며, 두 가지 도구에 회전가능한 원기둥과 연필을 추가하면 길이가 2π인 직선을 그릴 수 있기 때문에 주어진 원과 같은 넓이를 가지는 정사각형을 그릴 수 있으며, 곡선의 그래프를 가지고 있다면 주어진 정육면체의 두 배의 부피를 가지는 정육면체를 바로 그릴 수 있습니다.

> 문제가 명백한 실용적인 답을 요구할 때에는 이미지나 손으로 다룰 수 있는 자료들이 필요할 수도 있다.

"정사영이 … 인 어떤 물체의 투시도를 그려라"든가 "단면이 정육면체인 정다면체를 모두 찾아라" 같은 수학문제를 접하게 되면 그래픽 요소를 이용해서 답을 찾게 됩니다. 정육면체를 나타내는 가장 적당한 방법은 꼭짓점의 좌표도 각 면의 방정식도 아니고 3차원 물체입니다.

> 손으로 다룰 수 있는 자료들은 시각적 사고를 촉진시키며 평면에서 나타내거나 형식적인 계산보다 더 중요한 계기를 마련해줄 수도 있다.

우리 주위의 현실에 대한 직접적인 관찰이나 잘 준비된 모형은 학생들의 직관적인 사고능력이 개발되도록 돕고, 나중에 좀더 형식적인 방법으로 관계를 파악할 수 있도록 돕는다는 사실은 분명합니다.

> 이미지나 손으로 다룰 수 있는 자료들은 평면이나 공간을 다루는 문제의 답이나 예를 적절하게 보여줄 수 있는 유일한 방법일 수도 있다.

우리는 이미 평면 도형이나 공간 도형을 분해하는 문제에서 명시적인 답을 제시하거나 답이 존재한다는 것을 보았습니다. 예를 들어 (10, 13, 16장에서) 타일깔기, 분해하기, *n*-도미노 등을 다루면서 넓이는 보존되지만 둘레의 길이가 바뀌는 변환을 다뤘습니다. 3차원에서는 모형을 사용하는 것이 더 중요합니다. 2차원을 다룰 때에는 모형이 도움을 주지만 꼭 필요하지는 않을 수도 있습니다. 그러나 3차원에서의 타일깔기나 *n*-도미노를 다룬다면 모형이 꼭 필요할 것입니다.

일상생활의 물체를 수학의 자료로 활용하기

어떤 건물의 기하학적인 특성을 연구하기 위해서 축소된 모형을 만들어볼 수 있겠지만… 이보다 더 좋은 방법이 있습니다. 실제 건물을 이용하는 것입니다! 이 절에서는 이미 활용 가능한 자료들을 수학적인 흥미가 있는 대상으로 이용하는 방법을 소개하려고 합니다.

우리 주변에 있는 대부분의 인공물—집, 거리, 자동차, 침대, 종, 연필, 등—은 설계된 것들입니다. 이렇게 설계된 실체에는 크기에서 모양에 이르기까지 눈에 띄는 수학적인 요소가 있습니다. 이런 물체의 대부분은 몇 가지 목적이나 기능을 위해 고안된 것입니다. 디자이너들은 형태와 기능이라는 전통적인 고민 속에서 "최적의 해법"을 찾습니다. 그런데, "최적"이라는 말 속에서는 여러 가지 다양한 개념이 숨어 있을 수 있습니다. 사용하는 재료의 양의 최솟값, 최소 비용, 생태학적인 고려, 이동 가능성 등. 우리는 이런 일상생활의 물체를 가지고 기하학적인 모양을 시각화하는 데에 관심이 있습니다.

일상생활의 물체를 가지고 그 물체가 가지고 있는 모든 수학적인 측면을 찾아보는 것은 재미있는 교육 훈련이 될 수 있습니다. 우산을 예로 들어 봅시다. 우산은 펼쳤을 때 유연한 팔각뿔 모양인데 이를 지탱하기 위해 내부에 여러 개의 평행사변형이 연결되어 있습니다. 우산을 펴고 접을 때 각도는 어떻게 변할까요?

물체뿐만 아니라 일상생활에서 놓이게 되는 여러 상황들도 풍부한 수학을 내포하고 있습니다. 예를 들어 아이스크림은 직육면체나 원기둥 모양으로 포장이 되어 있는데 원뿔 모양의 아이스크림 콘 위에 공 모양으로 아이스크림을 떠서 올립니다.

가정도 수학의 영역입니다. 집 천장에서 찾아볼 수 있는 여러 가지 치수 (지붕 마루, 골, 창문) 사이의 관계는 무엇일까요? 집에서 나선형 모양은 몇 개나 있을까요?

디자이너들이 문제를 해결하기 위해 어떻게 계획하고 일하는지를 아는 것은 흥미롭습니다. 제이곱 레버노(Jacob Rabinow, 1910~1999)의 일화를 하나 소개합니다. 그는 뉴욕에서 일했는데 각종 발명특허를 229개나 가지고 있었으며 은퇴할 무렵에 《재미와 돈을 위한 발명(*Inventing for Fun and Profit*)》 [Rabinow, 1990]이라는 책을 썼습니다. 그가 좋아했던 주제 중에 하나는 나사와 드라이버에 관한 것입니다. 한두 가지 드라이버만 있으면 다양한 크기의 각종 나사를 뺄 수 있었기 때문에 (심지어 동전을 가지고도 많은 나사를 뺄 수 있습니다) 공공장소에 있는 물체에서 종종 나사가 없어지는 문제가 발생했습니다. 레버노는 이를 해결하기 위해 기하학을 이용해서 일반적인 드라이버로는 빼낼 수 없는 나사를 만들었습니다. 아래는 그가 설명한 내용입니다.

> 각 변이 호(arc) 모양이고 각 꼭짓점이 마주보는 호의 곡률중심이 되게끔 삼각형 모양의 홈을 만들면, 일반적인 드라이버로는 절대 돌릴 수 없고 특수하게 제작된 드라이버로만 돌릴 수 있게 된다. 두 꼭짓점에 맞는 일자 모양의 드라이버를 넣어서 돌려도 호를 따라 밀려나면서 다른 꼭짓점으로 이동하여 계속 헛돌기만 한다. 따라서, 이런 유형의 나사는 상당히 매력적이며 딱 맞는 도구가 아니면 빼내기 매우 힘들 것이다.

위에서 언급된 세 호로 이루어진 삼각형 모양은 뢸로 삼각형(reuleaux triangle)을 말하는데, 원이 아니면서도 폭이 일정한 볼록도형입니다.

다음 절에서는 흔히 볼 수 있는 물체를 가지고 몇 가지 기본적인 기하학적인 모양을 설명해 보려고 합니다.

다면체

자연에서는 몇 가지 제한적인 다면체만 관찰할 수 있습니다. 몇 가지 종류의 미네랄에서 정육면체나 각기둥 같은 모양을 찾아볼 수 있을 뿐입니다. 그렇지만 여러 가지 다면체 모양으로 고안된 물건들은 많이 있습니다. 포장기술과 미학은 이러한 종류의 디자인을 발전시켜 왔습니다. 기하학 실험실에서도 일상생활에서 쓰이는 다면체(혹은 도해)를 볼 수 있습니다. 누구나 찾아볼 수 있는 다면체를 몇 가지 열거하면 다음과 같습니다.

다면체와 일상생활의 물체

정육면체	주사위, 고체 부용, 루빅 큐브, 상자
정사면체	3D 퍼즐, 삼각대, 사면 주사위
정팔면체	미네랄 결정, 팔면 주사위
정십이면체	문진, 탁상달력, 십이면 주사위
정이십면체	MAA 로고, 이십면 주사위, 돔 구장
각기둥	토블론(Toblerone™) 포장, 캔디 박스, 연필
각뿔	이집트 피라미드, 오벨리스크 꼭대기, 스와로브스키 크리스탈, 추
쌍뿔	장난감, 보석
그 밖의 다면체	보석, 장신구, 축구공, 퍼즐

다각형

다각형은 다면체의 면을 구성하는데, 디자인에서도 자주 등장합니다.

다각형과 일상생활의 물체

삼각형	교통표지판(양보, 위험), 악기
사각형	종이, 판지, 타일
오각형	크라이슬러 로고, 미국 국방부 건물, 외벌 매듭 띠
육각형	타일, 접시, 연필의 단면, 볼트, 너트
팔각형	교통표지판(멈춤), 쟁반, 탁자
n각형	시계, 외국 동전
별모양	불가사리, 다윗의 별

곡선

곡선을 나타내는 물체들을 몇 가지 들어보면 다음과 같습니다.

곡선과 일상생활의 물체

원	접시나 잔의 둘레, 동전, 바퀴, 반지
타원	기울인 잔에 들어 있는 액체, 기울여서 보는 원
포물선	현수교 케이블
쌍곡선	종의 단면도, 깎인 연필 끝에 생기는 여섯 개의 호
사인 곡선	뱀의 자취, 파도
사이클로이드	바퀴의 한 점의 자취
현수선	송전선, 쇠사슬
나선형	LP나 CD의 홈, 카세트테이프, 감겨 있는 밧줄이나 고무호스

"살아 있는" 곡선의 예를 만들려면 한 무리의 학생들에게 띠와 줄자를 주고 곡선—원, 타원, 포물선, 나선형, … —의 특별한 점(중심, 초점, 등등)이 사람이 되게끔 게임을 하게 합니다. 이런 활동을 통해 다양한 곡선의 정의를 한층 강화할 수 있습니다.

이차 곡면

2차식으로 정의되는 3차원 공간의 곡면을 일컬어 **이차 곡면**(*quadric surface*)이라 합니다. 이차 곡면은 그 단면이 모두 이차 곡선(타원, 포물선, 쌍곡선이거나 이보다 차원이 낮은 점, 선, 한 쌍의 평행선이나 교선)이 됩니다. 실제로 이차 곡선은 원기둥 또는 쌍뿔의 단면이며 이러한 단면이 공간상에서 이차 곡선을 생성합니다.

공집합, 점, 선, 평면, 한 쌍의 평행선, 한 쌍의 교선 등은 아주 단순한 이차 곡면입니다. 단순하지 않은 이차 곡면은 그림 II.7에 제시되어 있습니다. 이런 중요한 곡면들에 독자들이 친숙해지도록 하는 것이 이 절의 목적입니다. 곡면을 표현하는 방정식은 매우 복잡할 수 있습니다만, 이들 곡면을 눈으로 감상하는 데에는 그런 지식이 필요하지 않습니다.

원기둥. 둥근 기둥이나 둥근 연필, 물컵, 주방용기, 병, 두루마리 화장지, 종이통 등의 모양을 말합니다. 한 장의 종이를 가지고 마주보는 변을 풀로 붙이면 손쉽게 종이 원기둥의 모형을 만들 수 있습니다.

원뿔. 아이스크림 콘, 몇몇 유리그릇, 고속도로 공사현장의 도로 표지, 뾰족하게 깎은 연필, 손전등에서 나오는 불빛 등이 있습니다. 원 모양의 종이에서 부채꼴 모양을 하나 잘라낸 다음, 남은 부분의 두 변을 풀로 붙이면 종이 원뿔의 모형을 만들 수 있습니다.

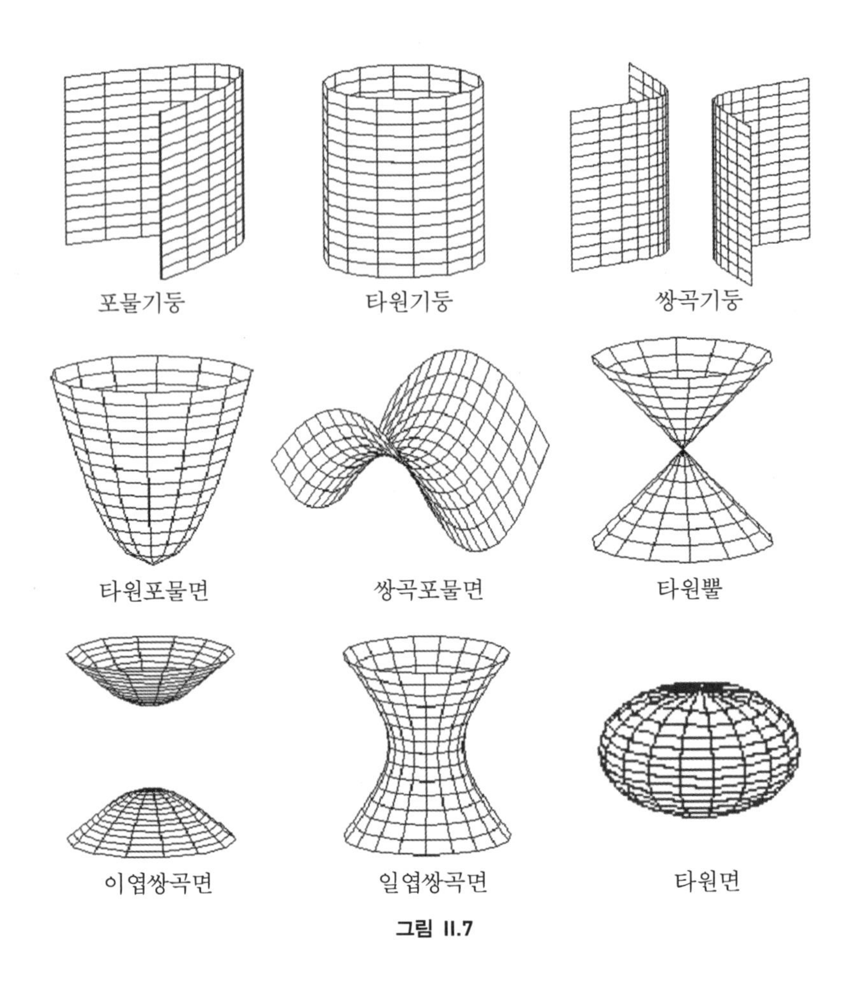

그림 II.7

원기둥과 원뿔의 단면. 원기둥이나 원뿔 모양의 유리잔에 물을 일부만 채웁니다. 잔을 탁자 위에 바로 세워놓으면 물의 표면은 원이 되는데 잔을 기울이면 타원이 됩니다. 원뿔 모양의 유리잔 위에 플라스틱 뚜껑을 씌워서 기울이면 포물선과 쌍곡선이 됩니다. 몇몇 모래시계는 쌍뿔 모양인데 이를 통해 양쪽 쌍곡선을 다 볼 수 있습니다.

타원면과 구면. 다양한 종류의 공(럭비, 축구, 탁구 등), 돔 모양 건축물, 과일, 진주, 행성 등에서 이런 모양을 찾아볼 수 있습니다. 두꺼운 종이를 이용해서는 도형의 세 개 주요 단면이 교차하는 비슷한 모양을 만들 수 있고, 풍선, 비눗방울, 찰흙이나 고무반죽, Lénárt sphere™ 등을 이용해서 훌륭한 모형을 만들 수 있습니다.

회전포물면. 인공위성에서 보내는 신호나 멀리 있는 별에서 오는 빛을 집중시키기 위해 쓰이는 안테나가 이런 모양입니다. 일부 자동차 헤드라이트도 자동차 바로 앞으로 불빛을 집중시키기 위해 이런 모양을 사용합니다. 일부 건물에 있는 돔 모양도 포물선 모양입니다. 물컵에 물을 반쯤 채운 다음에 빠르게 휘저으면 회전하는 물의 표면이 회전포물면이 됩니다.

이엽쌍곡면. 이 곡면은 두 부분으로 되어 있는데, 쌍곡선(양쪽)을 초점을 지나는 대칭축을 기준으로 회전시키면 이런 모양이 됩니다. 두꺼운 종이로 재미있는 모형을 만들어볼 수 있습니다. 우선, 그림 II.8(a)처럼 두꺼운 종이를 원형으로 자른 다음, 여러 개의 구멍을 내고 길이가 같은 줄을 연결해서 원기둥 모양을 만듭니다.

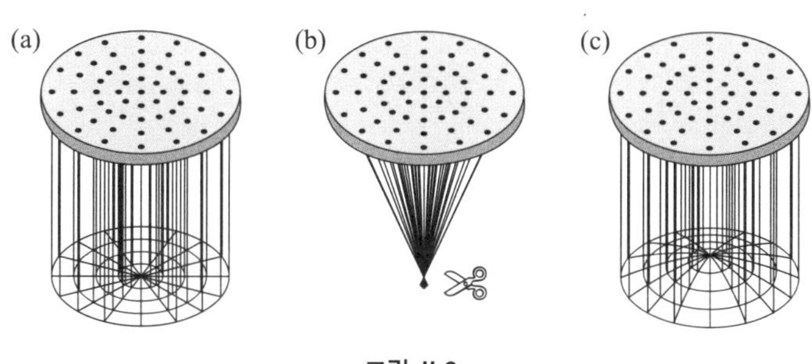

그림 II.8

그리고, 그림 II.8(b)처럼 모든 줄을 가운데 있는 한 줄로 모아서(줄로 만든 원뿔 모양이 됩니다) 원뿔의 꼭짓점에서 이 줄을 다 자릅니다. 그러고 나서 다시 모든 줄을 늘어뜨리면 줄의 끝부분이 쌍곡면을 이루게 됩니다. 그 이유는 그림 II.9에 나와 있는 대로 피타고라스의 정리를 이용하면 금방 알 수 있습니다. 이런 방법으로 집에서 머리를 잘라볼 수도 있을 텐데 조심하기 바랍니다! 이엽쌍곡면은 일부 망원경에도 사용됩니다.

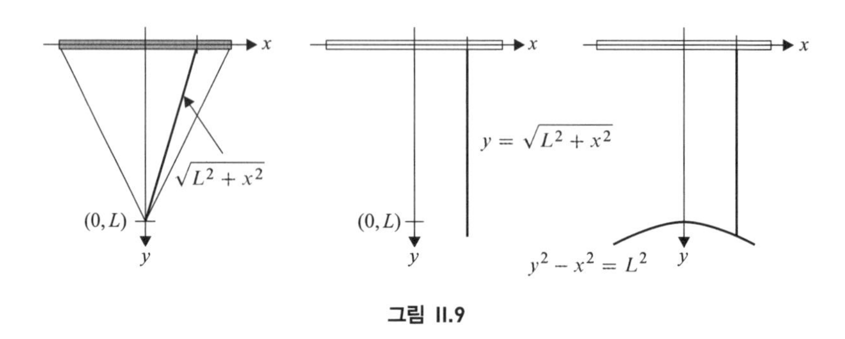

그림 II.9

일엽쌍곡면. 레일리 경이 1890년에 종에 대해서 쓴 글 [Rayleigh, 1964]에 있듯이 이상적인 종의 모양은 위에 원반이 놓인 일엽쌍곡선의 반쪽입니다. 이 글에 나와 있는 그림 중에 하나와 함께 필라델피아에 있는 자유의 종 사진이 그림 II.10에 있습니다.

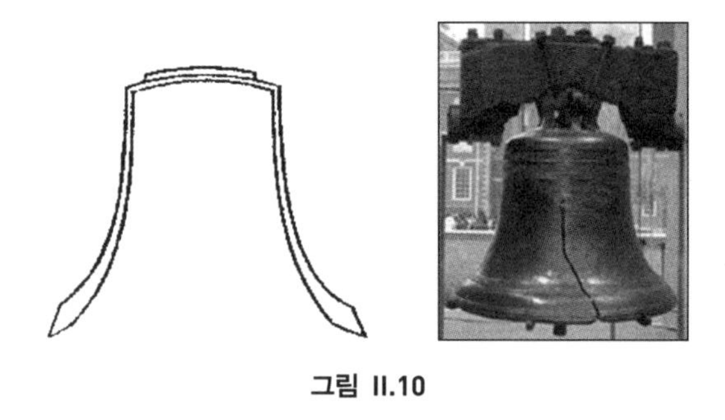

그림 II.10

일엽쌍곡면의 모형을 만들려면 우선 가장자리에 일정한 간격으로 구멍을 뚫어 놓은 두 개의 평행한 원형 고리와 구멍 사이를 연결하는 유연한 끈이 필요합니다. 고리 하나를 회전시켰을 때 끈이 이루는 곡면이 일엽쌍곡면이 됩니다.

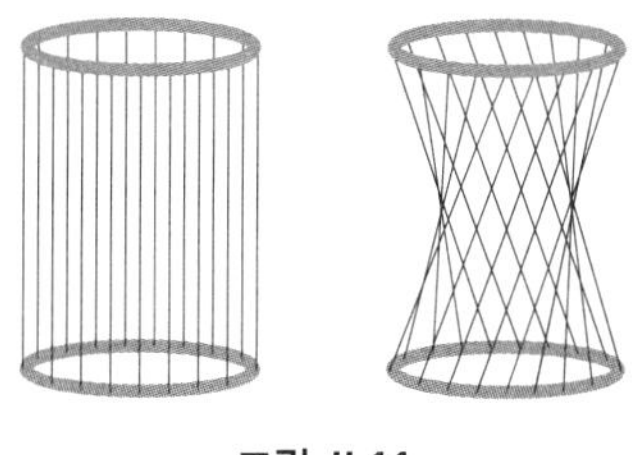

그림 II.11

쌍곡포물면. 이 모형을 만들기 위해서는 일정하고 똑같이 생긴 네 개의 나무나 플라스틱 막대를 준비해서 일정한 간격으로 구멍을 낸 다음, 서로 연결해서 사각형을 만듭니다. 그리고 유연한 끈을 마주보는 막대 사이에 있는 구멍에 연결합니다. 마주보는 막대가 평행하면 끈은 평면을 이루게 됩니다. 마주보는 막대가 평행하지 않으면 꼬인 사각형이 되는데, 이때 끈은 쌍곡포물면을 이루게 됩니다. 서로 다른 각도에서 본 모습이 그림 II.12에 나와 있습니다. 건축가 안토니 가우디가 자신의 작품에 이 곡면을 이용했는데 조금 뒤에서 더 자세히 다루도록 하겠습니다.

이런 식으로, 아주 간단한 재료들만 이용해도 이차곡면을 눈으로 볼 수 있게 표현할 수 있습니다.

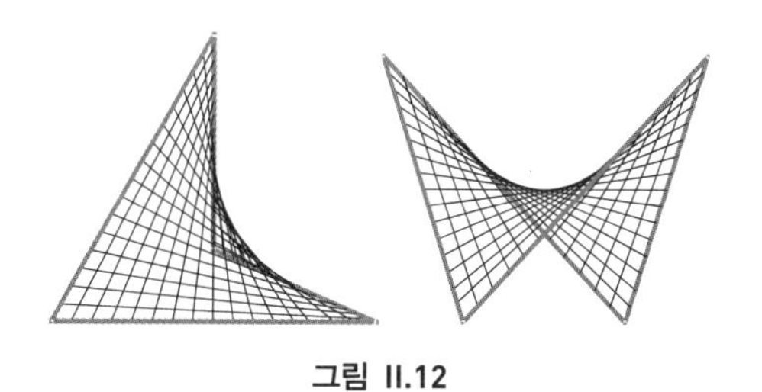

그림 II.12

다면체 모형 만들기

다면체는 기하학적인 3차원 물체 중에서 가장 잘 알려진 편에 속합니다. 수학의 역사 전반에 걸쳐 다면체가 연구되었고, 다면체의 모형은 다면체를 시각화하는 표준적인 방법이 되어 왔습니다. 두꺼운 종이나 플라스틱을 이용해서 정확한 모형을 만들 수도 있고, 모서리가 금속이나 플라스틱으로 되어 있으며 면을 여닫을 수 있는 세련된 모형을 살 수도 있습니다. 다면체 세트를 구할 수 있는 경로도 많이 있으며, 인터넷에서 가장 주목을 받는 기하학의 주제도 아마 다면체일 것입니다.

이 절의 목적은 다면체의 전 영역을 다 훑어보는 것이 아니라 몇 가지 예와 모형을 소개하려는 것입니다. 그림 19.1에서 소개한 다섯 개의 정다면체(플라톤의 입체)와 함께 몇 가지 중요한 다면체가 그림 II.13에 소개되어 있습니다.

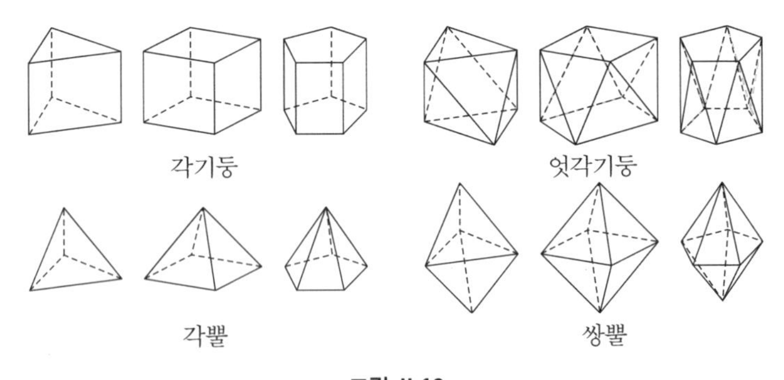

그림 II.13

다면체를 연구할 수 있는 또 다른 종류의 모형으로 면이 모두 투명한 것들이 있는데, 이는 다면체 내부의 성질을 보기 위한 것입니다. 원리는 간단합니다. 투명한 다면체의 내부를 색깔이 있는 물이나 고운 모래로 조금 채우고 나서 이를 기울이면 다양한 종류의 단면을 볼 수 있습니다.

다면체의 단면. 예를 들어, 투명한 정육면체를 색깔이 있는 물로 반쯤 채우고 나서 기울이면 정육면체를 부피가 같은 두 개의 모양으로 나누는 다양한 모양의 단면을 볼 수 있습니다. 특히, 그림 II.14에 있는 것처럼 정육면체의 단면으로 정육각형을 볼 수도 있고, 투명한 정사면체를 이용해서 정사각형 단면을 볼 수도 있습니다.

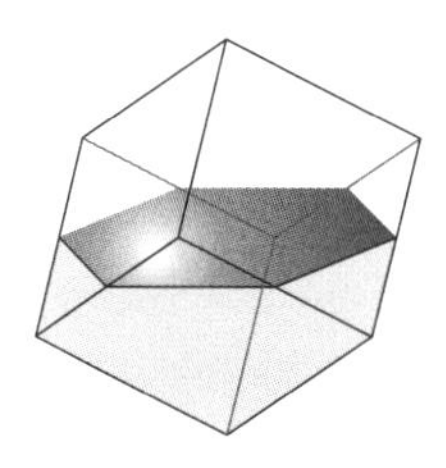

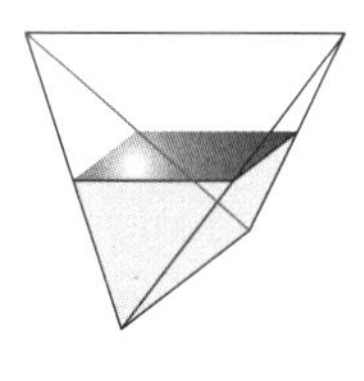

그림 II.14

크기가 큰 모형을 이용하면 초중등 학생들의 관심을 끌 수도 있을 것입니다.

그림 II.15

면이 삼각형 모양인 다면체는 튼튼하기 때문에, 플라스틱 파이프나 튜브를 변으로 하고 잘 휘어지는 플라스틱 "이음새"를 꼭짓점으로 하는 정사면체, 정팔면체, 정십이면체, 각뿔 등의 커다란 모형을 만들 수 있습니다. 다양한 거리와 각도를 재기 위해서 학생들이 그 구조물 안으로 직접 들어가 볼 수도 있습니다.

다면체를 연구할 수 있는 자료는 많이 있기 때문에 다면체의 면과 단면에만 집중해서 다각형을 살펴볼 수도 있습니다. 수학을 가르칠 때는 대부분 다각형에서 시작해서 다면체로 이동하게 되는데, 이 방법이 꼭 제일 좋은 것만은 아닙니다. 일반적으로 학생들은 시각적으로 3차원을 먼저 경험하고 그 다음 2차원을 경험하게 됩니다.

퍼즐과 탱그램도 2차원과 3차원 모두에서 사용 가능한 손으로 다룰 수 있는 재미있는 자료가 됩니다. 그림 II.16의 왼쪽 그림은 아홉 조각으로 나뉜 하트 모양의 조각 퍼즐입니다. 이 조각들을 섞어 놓으면 다시 원래의 하트 모양으로 만드는 일은 꽤 어려운 문제가 될 것입니다. 물론, 다른 모양을 아홉 조각으로 나누어서 해볼 수도 있습니다.

그림 II.16의 오른쪽 그림은 면에 색칠된 길이 그려져 있는 정육면체들로 이루어진 3차원 퍼즐인데, 길이 끊어지지 않도록 다른 모양으로 맞추는 것입니다.

퍼즐 애호가들의 기호를 충족시킬 만큼 다양한 상업용 퍼즐들이 시장에 있습니다. 일반적인 조각 퍼즐 외에도 2차원이나 3차원의 조각으로 구성된 재미있는 기하학적인 퍼즐도 많이 있습니다. 또, 손으로 만

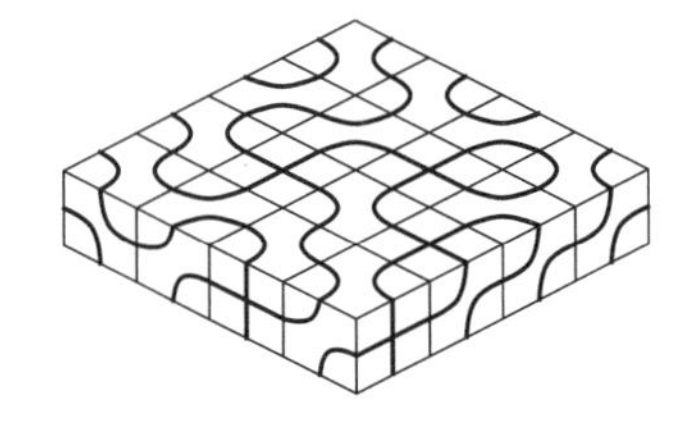

그림 II.16

질 수 있는 퍼즐뿐만 아니라 인터넷 가상공간에서 맞출 수 있는 퍼즐의 종류도 다양합니다.

우리는 수학을 교육시키는 목적에서, 정리를 보여줄 수 있는 퍼즐(예를 들어 피타고라스 퍼즐)이나 3차원을 다루는 문제에 독창적인 해답을 줄 수 있는 퍼즐, 수학적인 원리(예를 들어 측정 보존 변환)를 설명해 줄 수 있는 퍼즐, 공간 감각을 발달시켜 주는 데 도움을 줄 수 있는 퍼즐 등에 관심이 있습니다. 초등학교에서 퍼즐은 주어진 모양을 회전시키거나 뒤집거나 또는 둘 다 했을 경우 어떤 모양으로 보이는지 설명해 주거나 보여주는 데에 중요한 도구입니다.

그림 II.17은 여러 조각으로 나뉜 다각형인 탱그램 중에서 잘 알려져 있는 다섯 가지를 소개하고 있습니다. 탱그램을 이용해서 해볼 수 있는 간단한 실습을 몇 가지 소개합니다.

(i) 탱그램의 조각들을 모두 이용해서 어떤 종류의 다각형을 만들 수 있을까요? 이들의 둘레는 어떻게 다를까요?

(ii) 탱그램 조각의 모서리를 이루는 선분 사이에는 어떤 관계가 있을까요? 어떤 선분이 서로 평행할까요? 어떤 선분이 서로 수직일까요?

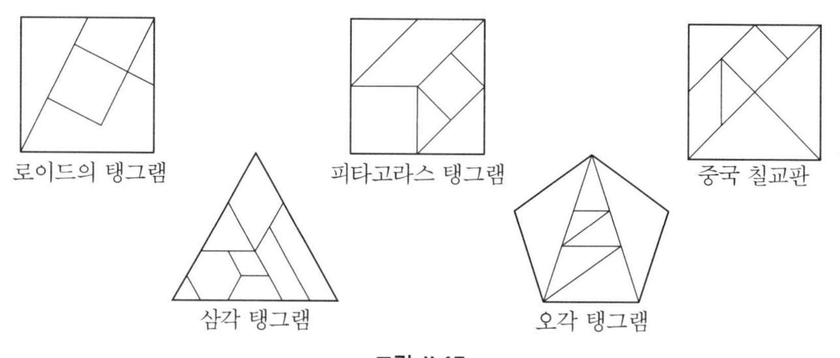

그림 II.17

(iii) 탱그램 조각의 넓이는 서로 어떤 관계가 있을까요?

물론, 탱그램의 몇 조각만을 가지고도 위의 실습을 해볼 수 있고, 학생들이 직접 고안한 탱그램을 가지고서도 해볼 수 있습니다.

비눗방울 이용하기

비눗방울을 이용하는 실험은 재미있기도 하지만 쉽게 납득을 시킬 수 있습니다. 여기서 중요한 사실은 비누막은 비누막이 형성되는 틀을 잇는 가장 작은 표면이 된다는 것입니다.

동그랗게 만든 철사를 비눗물에 집어넣었다가 꺼내어 불면 공중에 잠시 날아다니는 비눗방울이 된다는 것은 모든 아이들이 알고 있습니다.

교실에서 비누막을 가지고 실험하려면 우선 비눗물이 있어야 합니다. 1갤런의 물에 액상세제 한 컵과 글리세린 한 숟가락을 타서 잘 섞습니다. 그리고 꽃집에서 사용하는 철사(18게이지 알루미늄 철사)와 플라스틱 직사각형 몇 개, 못 몇 개를 준비합니다.

19.3절에서 우리는 삼각형의 페르마 점을 비누막을 이용해서 찾았습니다. 비누막을 이용해서 찾아볼 수 있는 다른 수학적인 원리도 많이 있습니다.

크기와 재질이 일정한 사슬의 양끝을 고정시키고 늘어뜨리면 현수선—이 곡선을 나타내는 함수는 하이퍼 코사인

$$y = a\cosh\left(\frac{x}{a}\right) = \frac{a\left(e^{\frac{x}{a}} + e^{-\frac{x}{a}}\right)}{2}$$

을 변형한 식입니다. 그림 II.18(a)—을 대칭축에 수직인 직선을 중심으

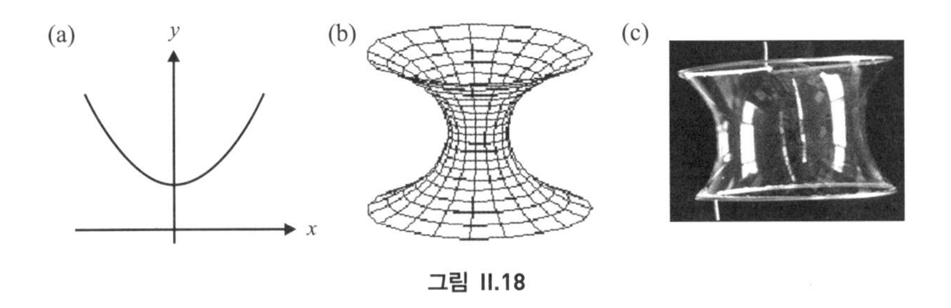

그림 II.18

로 회전시키면 그림 II.18(b)처럼 현수면이라 불리는 곡면이 생깁니다.

현수면은 가장 작은 회전곡면이 된다는 놀라운 성질을 가지고 있습니다. 현수면을 시각적으로 나타내기 위해서 비누막을 이용할 수 있습니다. 먼저, 철사 두 토막을 가지고 비슷한 모양의 원형 고리를 만듭니다. 그림 II.18(c)처럼 두 고리를 비눗물에 담갔다가 꺼내서 약간 거리를 떨어뜨려 보면 두 고리 사이에 생긴 비누막이 (거의) 현수면이 됩니다(고리가 원에 가까울수록 현수면에 더 근접하게 됩니다).

이 실험은 물리적인 관점에서 현수면이 가장 작은 회전곡면임을 보여줍니다. 상당히 조심스럽게 (그러면서도 민첩하게) 비누막 뒤에 적당한 점에서 사슬이나 줄을 늘어뜨려 관찰해 보면 현수면의 윤곽이 현수선임을 볼 수 있습니다.

철사로 만든 정다면체 모형을 비눗물에 넣었다가 꺼내면 각 모서리를 연결하는 비누막의 모양을 연구해 볼 수도 있습니다.

빛을 비추기

빛은 물리학에서 대단히 중요한 역할을 합니다. 빛의 속도인 c는 아인슈타인의 상대성 원리($E = mc^2$)에 등장하며, 거울에 비췄을 때의 현상(입사각과 반사각이 같다)이나 액체 사이를 통과할 때 경계에서 생기는 현상 등은 실생활에서도 볼 수 있는 잘 알려진 것들입니다.

빛과 관련된 실용적인 문제부터 시작하도록 하겠습니다. 평평하게 보이는 탁자가 하나 있다고 합시다. 이 탁자가 진짜로 평평한지 어떻게 알 수 있을까요? 확실히 평평한 물체(책, 쟁반, 자, …)를 이 탁자 위의 한 곳에 (또는 여러 곳에) 놓습니다. 그리고 손전등을 비춥니다. 만약 탁자와 물체 사이의 공간을 비춘다면 이 탁자는 평평하지 않습니다!

인류의 위대한 업적 중에 하나는 시간을 눈으로 볼 수 있게 만든 것입니다. 모래시계와 물시계는 시간의 간격을 재기 위해 고안되었으며, 양초, 기계식 시계, 전자시계 등을 통해 시간을 연속적으로 나타낼 수 있게끔 되었습니다. 그러나 수세기 동안, 정교한 해시계—적절히 기울여서 세워 놓은 나무토막이나 막대의 그림자에 숫자(시간)를 써 놓은—가 가장 보편적인 방법이었습니다.

적절하게 고안된 손전등(예를 들어, 빛이 원뿔 모양인)이 있으면 빛을 벽에 비춰서 이차 곡선을 눈으로 볼 수 있게끔 할 수 있습니다. 어떤 이차 곡선이 생기는지는 벽면에 대한 빛의 **방향**(*direction*) (회전 대칭축의 반이 됩니다)과 원뿔의 **생성원**(*generator*, 불빛의 겉모양을 이루는 직선들)에 달려 있습니다.

(i) **원**: 방향이 벽면과 수직일 때
(ii) **타원**: 방향이 벽을 향하지만 수직이 아니고 모든 생성원이 벽면에 있을 때
(iii) **포물선**: 방향이 벽을 향하되 생성원 중에 하나만 벽면과 평행할 때
(iv) **쌍곡선**: 벽면을 비추되 위의 (i) ~ (iii)의 경우가 아닐 때

여기서 포물선은 타원과 쌍곡선을 나누는 경계가 되기 때문에 예외

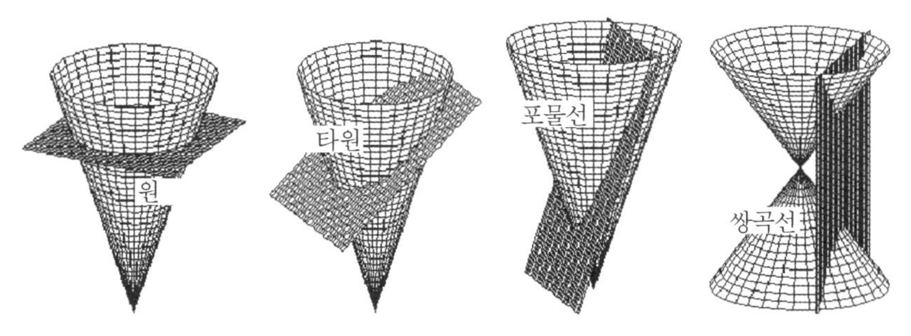

그림 II.19

적인 모양이라 하겠습니다.

두 개의 손전등을 가지고 뒷부분을 서로 붙여서 반대방향으로 빛을 쏘게끔 만들면 쌍곡선의 양쪽을 다 볼 수 있습니다.

물론, 집에서 쓰는 전기스탠드에서 나오는 빛을 이용해서 이차 곡선을 볼 수 있습니다. 이런 실험은 연극 조명에 관심이 있는 사람들에게는 더 중요할 것입니다! 마지막으로 빛과 3차원 모형을 이용해서 다면체의 단면들을 눈으로 볼 수 있을 것입니다.

거울상

허상의 기원은 선사시대에 사람들이 물웅덩이를 보고 거기 비친 자신의 모습을 보던 때로 거슬러 올라가며, 물웅덩이를 대신한 최초의 기술은 잘 연마된 금속이었습니다. 그리고 이것은 나중에 수은(銀)을 입힌 유리로 만든 거울로 대체됩니다. 거울은 반사에 의해서 생긴 상을 볼 수 있도록 해주는 데 반사는 방향이 바뀐 등거리변환이기 때문에 다소 흥미로운 모습이 됩니다.

거울 실험을 위해서 값싼 플라스틱 거울과 가위로 쉽게 자를 수 있는 반사되는 색종이나 은박 마일라 필름을 준비하면 됩니다.

거울에 맺힌 상을 보면 왼쪽과 오른쪽이 바뀌어서 나타납니다. 만약 평행하게 세운 두 거울 사이에 서서 아무 물체나 놓고 거울을 들여다보면 양쪽 방향으로 “끝없이 계속되는” 상, 즉 프리즈를 볼 수 있습니다.

책을 펼친 것처럼 두 거울을 세워 놓으면 **회전효과**(*rotation effect*)를 얻을 수 있습니다. 두 거울이 이루는 각도를 $\frac{360°}{n}$라 할 때, 한쪽 눈을 두 거울이 만나는 방향에 고정시키면 거울 사이에 놓인 물체의 상이 원형을 이루며 n번 반복되는 것을 볼 수 있습니다. 만화경의 원리가 이것입니다. 한 쌍의 거울을 그림으로부터 수직인 위치에 두면 원형으로 그림이 반복됩니다. KaleidoMania!™ 라는 쌍방향 소프트웨어를 이용해서 이를 볼 수 있습니다.

일부 놀이동산이나 과학박물관에 가면 커다란 두 거울이 (교선은 바닥과 평행하면서) 서로 90° 각도를 이루고 있는 것을 볼 수 있는데, 사람이 서서 위에 있는 거울을 쳐다보면 신발을 볼 수 있고, 밑에 있는 거울을 내려다 보면 머리를 볼 수 있습니다. 많은 사람들에게 재미있는 경험이 될 것입니다.

직사각형 모양의 거울 세 개를 안쪽으로 향하게 해서 삼각기둥을 만들면 만화경이 됩니다. 이 만화경을 그림이나 작은 물체 위에 수직으로 세워 놓고 한쪽 끝으로 들여다보면 평면의 “끝없이 반복되는 삼각 타일깔기”를 볼 수 있습니다.

반사되는 색종이를 이용해서 안쪽이 반사되는 각뿔대를 손쉽게 만들 수 있습니다. 각뿔대를 탁자 위에 거꾸로 세워 놓으면 정다면체의 상을 볼 수 있습니다. 그림 II.20의 왼쪽 그림은 다섯 개의 각뿔대의 모습인데, 그 중 하나를 크게 확대해서 보면 오른쪽 그림처럼 정이십면체의 상을 발견할 수 있습니다.

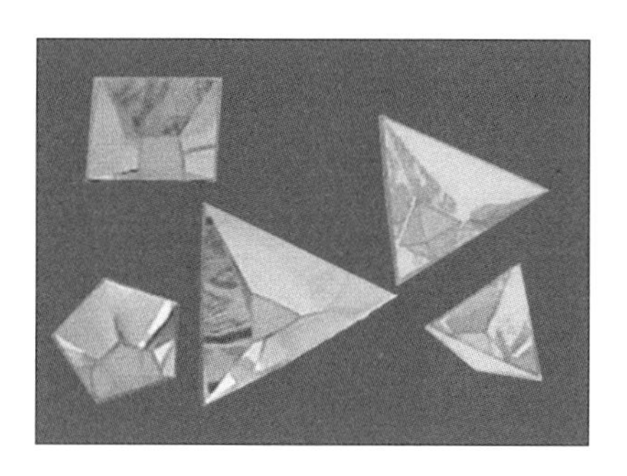
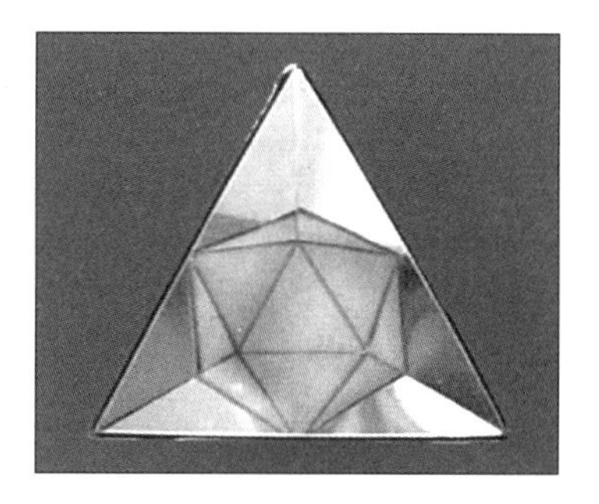

그림 II.20

이렇게 특수한 만화경을 만들기 위해서는 사각형으로 이루어진 각 면의 모양을 먼저 정해야 합니다(그림 II.21 참조). 사각형으로 이루어진 각 면은 모두 등변 사다리꼴이므로 꼭지각이 어느 정도 되는 이등변 삼각형을 자른 것인지를 알면 모양을 알 수 있습니다. 이 각도는 만화경을 통해 생기는 정다면체의 중심에서 정다면체의 한 모서리의 양 끝을 연결한 각도와 같습니다.

각각의 경우 꼭지각은 다음과 같습니다. 정사면체 $\arccos\left(\frac{1}{3}\right) \simeq 109°28'$, 정육면체 $\arccos\left(\frac{1}{3}\right) \simeq 70°32'$, 정팔면체 $\frac{\pi}{2} = 90°$, 정십이면체 $\arcsin\left(\frac{2}{3}\right) \simeq 41°49'$, 정이십면체 $\arctan(2) \simeq 63°26'$.

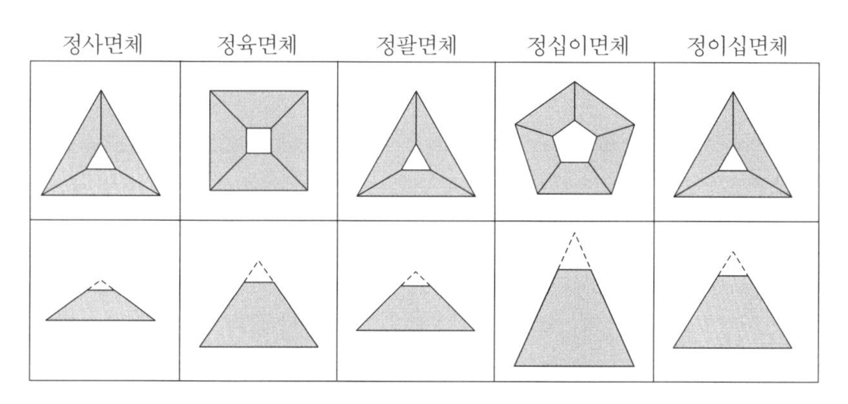

그림 II.21

그림 II.22는 각각 각뿔대의 면을 만들기 위한 본을 떠 놓은 것입니다. (a)는 정팔면체를 위한 것이고, (b)는 변의 길이의 비가 $\sqrt{2}$ 대 1인 직사각형을 자른 모양인데, 두 조각은 정사면체를 위한 것이고 나머지 두 조각은 정육면체를 위한 것입니다. (c)와 (d)는 각각 정십이면체와 정이십면체를 위한 것입니다.

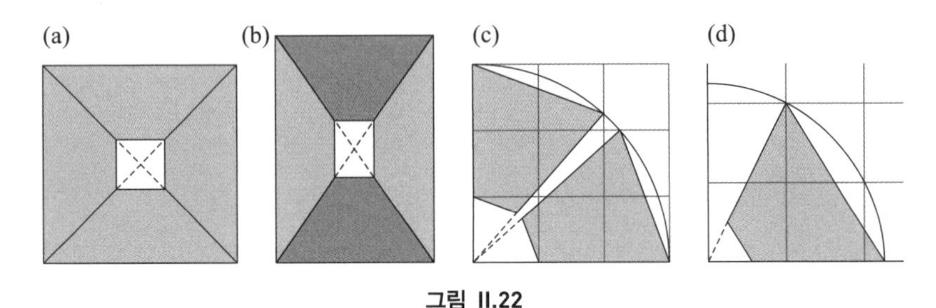

그림 II.22

각뿔의 내부를 삼각형 모양의 거울로 만들면 또 다른 결과를 얻을 수 있습니다. 마지막으로, 내부가 모두 거울인 정육면체의 한 꼭짓점에서 조그마한 삼각뿔을 떼어내어 삼각형 모양의 창을 만든다면 안쪽에 무엇이 보일까요?

오목거울이나 볼록거울은 뒤틀린 상을 보여줍니다. 예를 들어, 직사각형 모양의 은박 마일라 필름(두께 0.002인치)을 말아서 바깥쪽이 거울이 되도록 원기둥을 만들어 봅시다. 이때, 원기둥에 생기는 상을 일컬어 일그러져 보이는 상(*anamorphic image*) 또는 왜상(*anamorphs*)이라고 합니다. 그림 II.23의 왼쪽을 보면 평면에서 뒤틀려 보이는 그림의 상이 원기둥에서는 정상적으로 보이는데, 원기둥 모양의 거울을 오른쪽 그림의 검게 칠한 위치에 세워두면 뒤틀린 직사각형 모양의 상이 정상적으로 보이게 되는 것입니다.

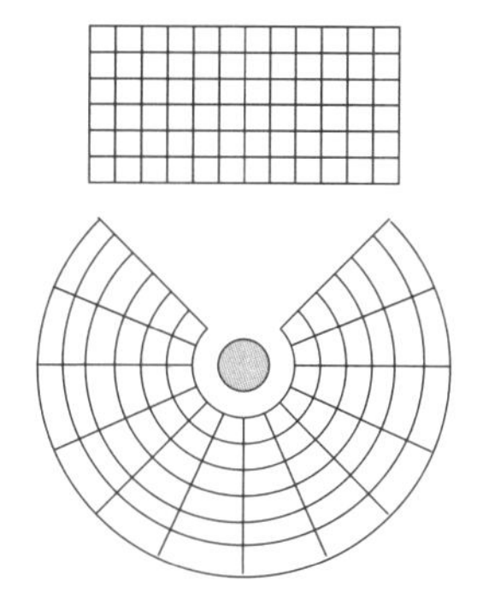

그림 II.23

창의력을 위해

카탈로니아 건축가 안토니 가우디 (1852~1926)는 매우 창의적인 건축가였는데 새로운 기하학적인 모양을 건축에 도입하기 위해 연구했습니다. 그는 손으로 다룰 수 있는 자료들을 이용해서 공간에 대한 자신의 놀라운 창의성을 보여주는 모형들을 규칙적으로 만들었습니다. 그림 II.24는 바르셀로나에 있는 그의 작업실 모습입니다.

그림 II.24

그의 가장 유명한 설계는 바르셀로나에 있는 성가족 교회(사그라다 파밀리아)인데 아직도 만들어지고 있습니다. 이 작품의 기본이 되는 두 가지 곡면이 쌍곡포물면과 일엽쌍곡면입니다. 두 곡면은 모두 자로 그은 곡면, 즉 직선으로 이루어진 것이기 때문에 만들기 쉬어서 고전적인 건축양식을 대신하게 되었습니다. 그림 II.25는 사그라다 파밀리아의 일부분을 가우디가 모형으로 만든 것과 최근의 모습을 사진으로 찍은 것입니다.

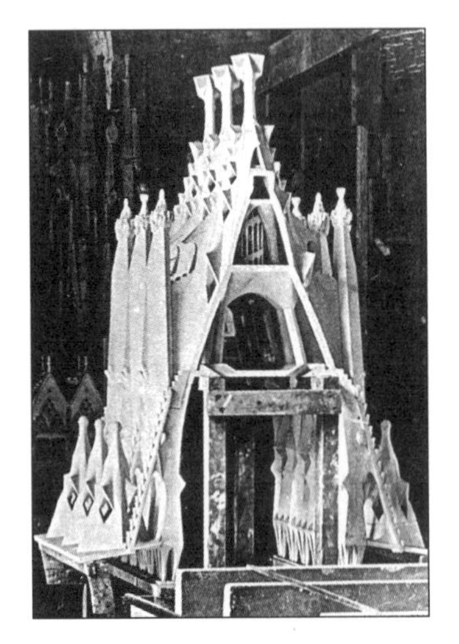

그림 II.25

여기서 가우디에 대해 언급하는 이유는 그가 눈에 볼 수 있도록 만들고 실험한 아이디어를 상기하기 위해서입니다.

우선, 그는 바로 적용될 수 있는 창의적인 직관을 계발시켰습니다.

> "건축과 미학에 대한 내 아이디어에는 부정할 수 없는 논리가 있다. 나는 왜 이런 아이디어들이 이전에는 적용되지 못했을까를 많이 생각해 보았고 그래서 내 아이디어를 의심하기도 했다. 그러나 내 아이디어가 완벽함을 확신했기 때문에 나는 이를 적용할 의무가 있다…."

그는 또 분석적인 접근법을 거부하고 늘 눈으로 볼 수 있는 것으로부터 시작했으며,

"기하학은 건축을 단순하게 해주지만 수식은 이를 복잡하게 만든다."

자연과 실생활의 물체가 그의 영감을 불러일으키는 데 이용되었습니다.

"여기 내 작업실 옆에 있는 이 나무가 나의 스승이다."

어떤 설계를 떠올린 후에는 모든 세부적인 것에 최대한 주의를 기울였고,

"계산도 했고 실험도 했다. 모든 세부적인 것에 주의를 기울였다 … 이와 같이, 논리적인 모양은 필요에 의해서 생기는 것이다."

이런 방식으로 그는 논리적이고 이성적인 면 사이의 균형을 모색했습니다.

"아름다운 작품을 위해서는 모든 요소가 제자리에 놓여야 하며, 정확한 치수, 정확한 모양, 정확한 색깔 … 이어야 한다. 조화를 위해서는 대조적인 것이 필요하다."

언젠가 가우디는 자신을 찾아온 한 방문객에게 기하학적인 모형들을 보여주면서 각각의 신비로움을 설명한 다음, 흥분된 눈으로 손동작을 크게 하면서 다음과 같이 말했다고 합니다.

"기하학을 이렇게 배우는 게 아름답지 않습니까?"

이 질문은 가우디가 살던 시대나 오늘날에도 같은 도전을 주고 있습니다.

MATH MADE VISUAL
CREATING IMAGES FOR UNDERSTANDING MATHEMATICS

PART III

도전문제를 위한 힌트와 풀이

이 책에 실린 도전문제의 상당수는 여러 가지 방법으로 풀 수 있습니다. 여기서는 각 문제에 대해 한 가지 풀이방법만 소개되어 있으니, 더 간결할지도 모르는 다른 풀이방법을 찾아보는 것도 좋겠습니다.

CHAPTER 1

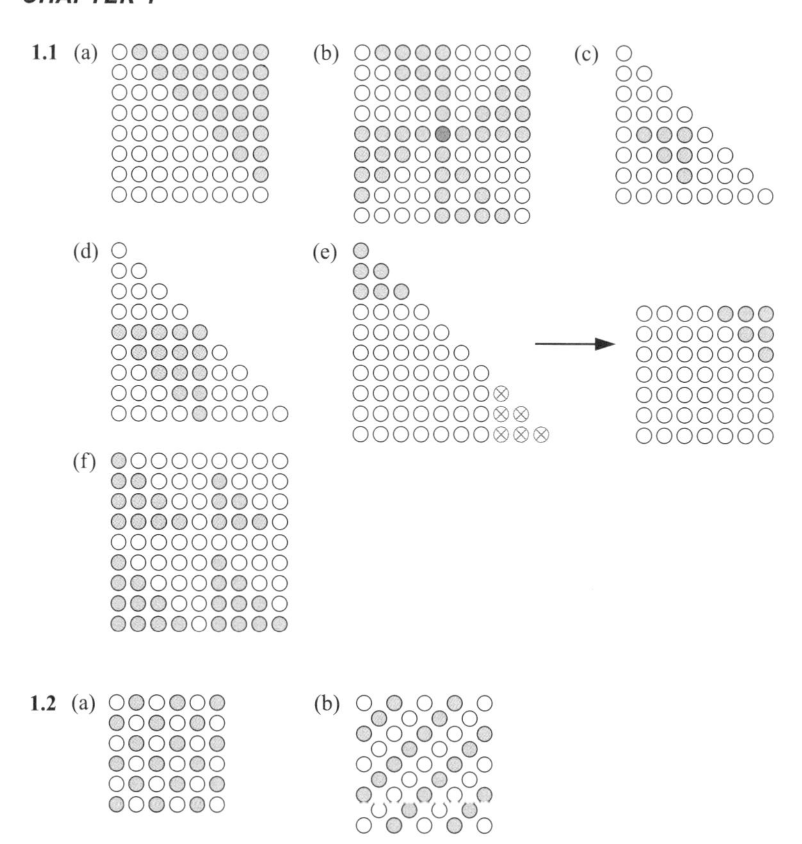

1.3

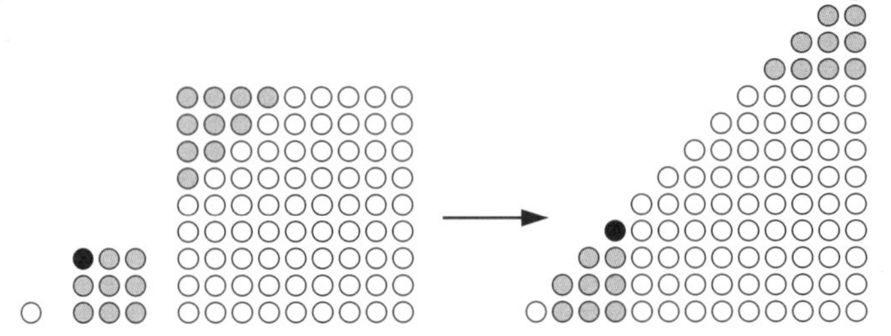

CHAPTER 2

2.1

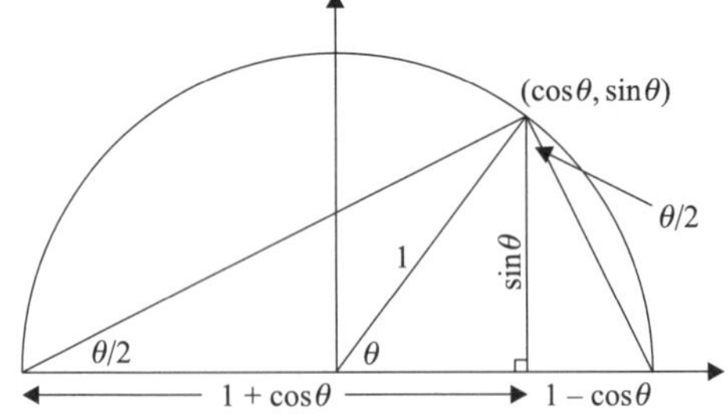

2.2

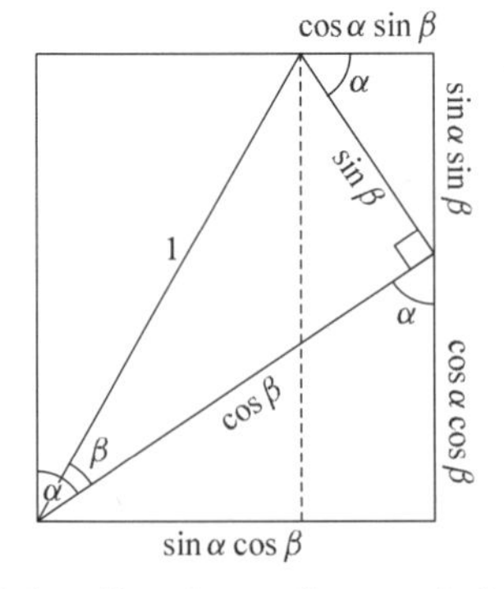

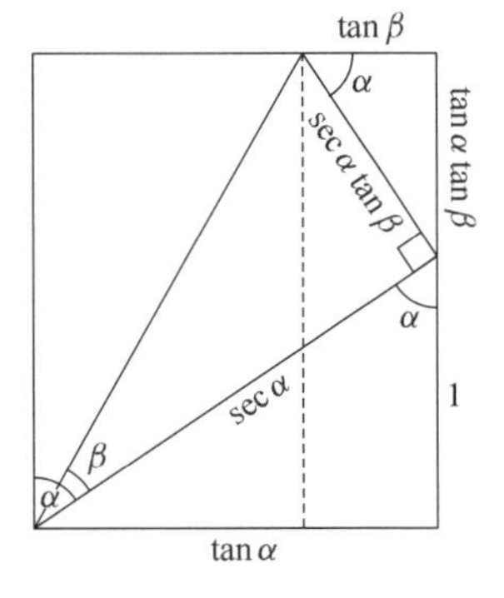

$$\sin(\alpha - \beta) = \sin\alpha \cos\beta - \cos\alpha \sin\beta$$

$$\cos(\alpha - \beta) = \cos\alpha \cos\beta + \sin\alpha \sin\beta$$

$$\tan(\alpha - \beta) = \frac{\tan\alpha - \tan\beta}{1 + \tan\alpha \tan\beta}$$

2.3 $\tan\gamma(\tan\alpha + \tan\beta)$ $\tan\alpha\tan\beta$

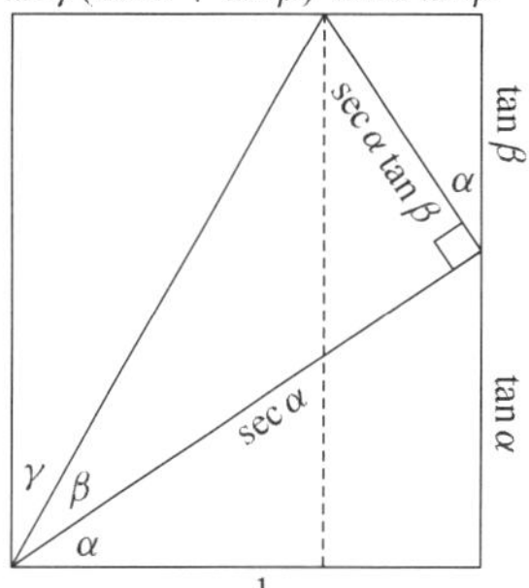

2.4 도전문제 2.1의 풀이에 나온 그림에서 각도 θ인 부채꼴의 호의 길이는 적어도 $\sin\theta$와 $1-\cos\theta$를 두 변으로 하는 직각삼각형의 빗변의 길이와 같거나 더 길다는 사실을 이용합니다.

2.5 $y = (1+x)^a$ 와 $y = 1 + ax$ 의 그래프를 그립니다.

CHAPTER 3

3.1 $1 + 3 + 5 + \cdots + (2n-1) = n^2$

3.2

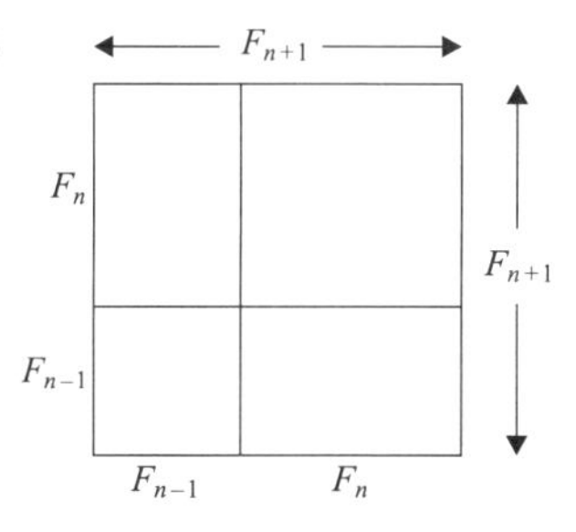

3.3

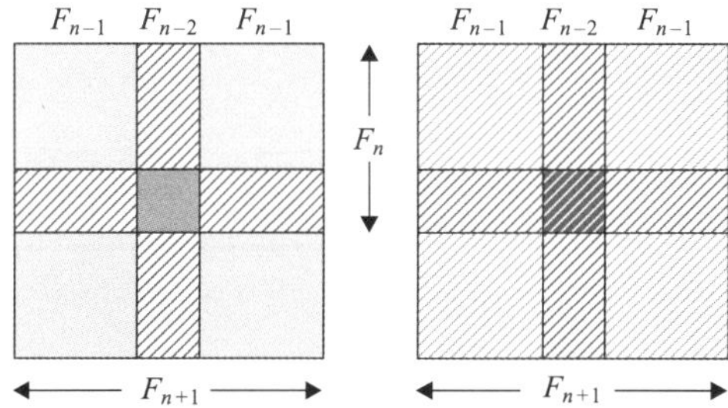

3.4 계산하면 $1 \geq 4\dfrac{ab}{(a+b)^2}$ 가 나오는데 이것은 $\sqrt{ab} \geq \dfrac{2ab}{a+b}$ 와 같습니다.

3.5

3.6

3.7

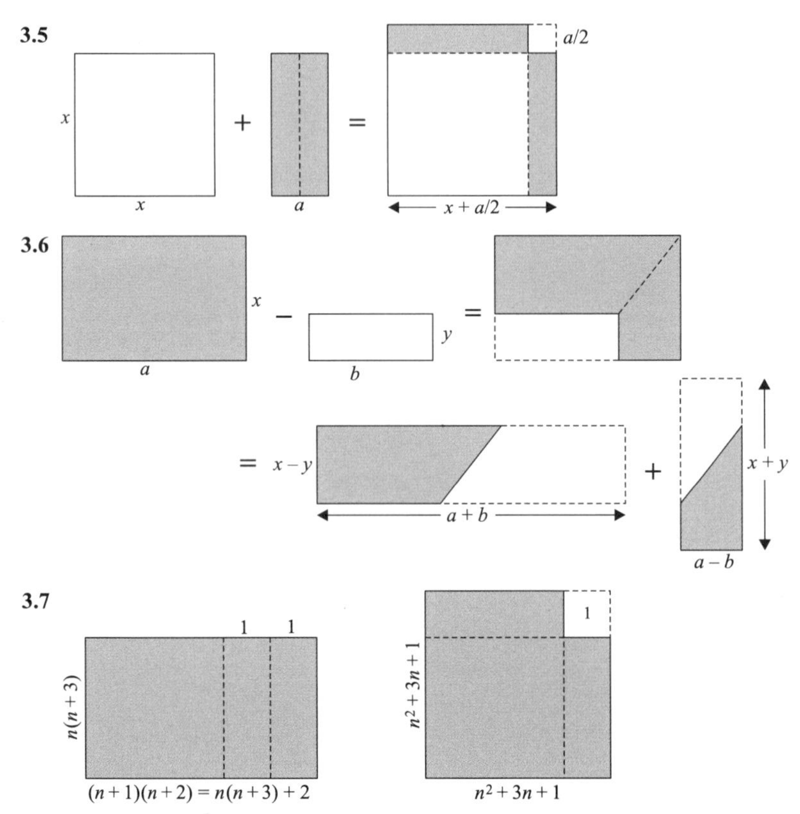

3.8 그래프 $y = x^{\frac{p}{q}}$ 는 단위 정사각형을 두 부분으로 나눕니다. 적분을 이용해서 각각의 넓이를 구합니다.

CHAPTER 4

4.1

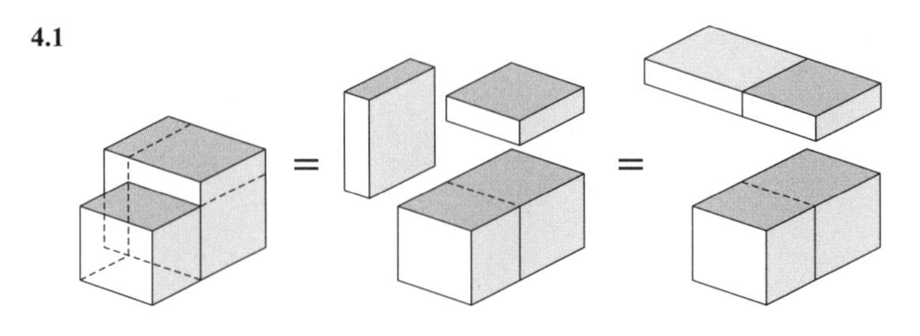

4.2 $$\sum_{i=1}^{m}\sum_{j=1}^{n}\left[a+(i-1)b+(j-1)c\right] = mna + n\frac{(m-1)m}{2}b + m\frac{(n-1)n}{2}c$$
$$= \frac{mn}{2}\left[2a+(m-1)b+(n-1)c\right]$$

4.3 푸비니 원리를 이용해서 정육면체를 두 가지 다른 방법으로 셉니다.

CHAPTER 5

5.1

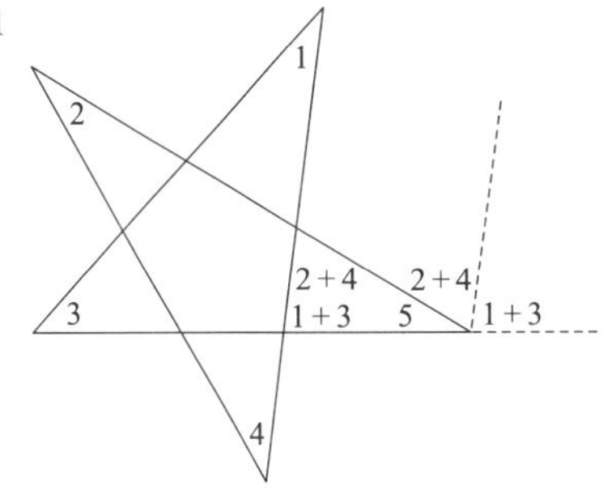

5.2 S를 원 C_1의 중심이라고 하고, 그림처럼 점선을 그립니다. $\overline{OP} = \overline{OQ} = \overline{OR}$이므로, $\triangle OPQ$와 $\triangle OPR$은 이등변삼각형이 됩니다.

$$\alpha = \angle PQO = \angle OPQ$$
$$\beta = \angle PRO = \angle OPR$$

이라고 합시다. 그러면 $\angle PSO = 2\alpha$이므로

$$\frac{\pi}{2} = \angle SPR = \left(\frac{\pi}{2} - 2\alpha\right) + \alpha + \beta$$

가 됩니다. 따라서 $\alpha = \beta$이며 $\triangle OPQ$와 $\triangle OPR$은 합동이며 $\overline{PQ} = \overline{PR}$이 됩니다.

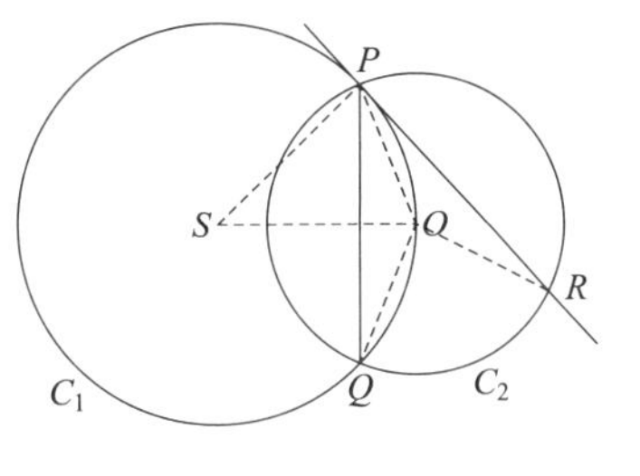

5.3

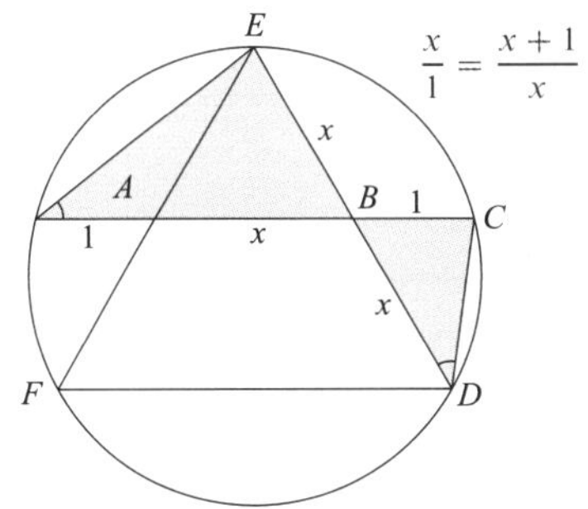

5.4 성립합니다.

CHAPTER 6

6.1 위에 있는 진한 회색 삼각형과 왼쪽에 있는 연한 회색 삼각형을 각각 평행이동 시킵니다.

6.2 많은 증명이 있는데 여기 소개하는 것은 James Tanton[Tanton 2001b]의 것입니다.

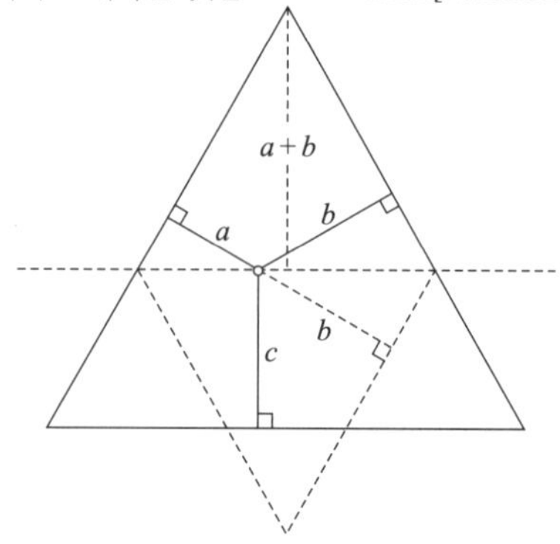

6.3 주어진 팔각형의 중심에서 꼭짓점까지 선분을 그어 여러 개의 삼각형으로 분할합니다. 회전이동으로 넓이가 바뀌진 않기 때문에, 이 삼각형들을 재배열해서 밑변이 2와 3인 삼각형이 번갈아 있게끔 회전시킵니다. 이 팔각형은 한 변이 $3 + 2\sqrt{2}$인 정사각형에 내접하기 때문에 구하는 넓이는 다음과 같이 됩니다.

$$\left(3 + 2\sqrt{2}\right)^2 - \frac{4\left(\sqrt{2} \cdot \sqrt{2}\right)}{2} = 13 + 12\sqrt{2}$$

6.4 그림 6.4의 점 F에서 만나는 6개의 각은 사실 모두 $60°$씩입니다.

CHAPTER 7

7.1 아래 그림에서 검게 칠한 두 개의 삼각형은 닮음이고 $K = \frac{hc}{2}$를 이용합니다.

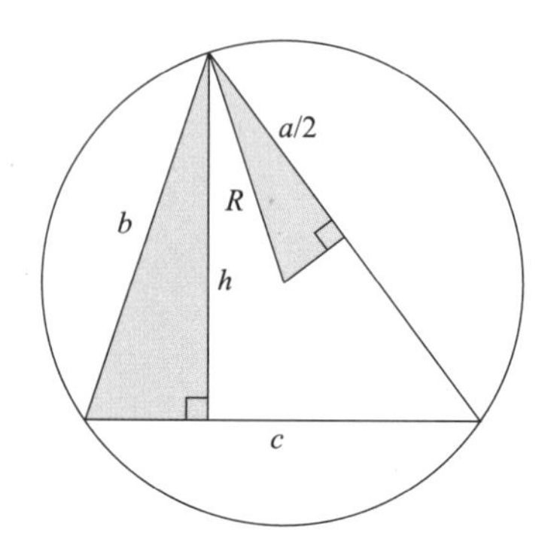

7.2 그림 7.3(c)에서 회색 삼각형의 각 α를 이등분하고 빗금을 친 삼각형의 108°인 각을 이등분합니다.

7.3 $ab = ch$(c는 두 변이 각각 a, b인 직각삼각형의 빗변)를 이용해서 각 변이 $\frac{1}{a}$, $\frac{1}{b}$, $\frac{1}{h}$인 삼각형은 원래의 삼각형과 닮음임을 보입니다.

7.4 각 변의 중점을 연결한 다음 7.4절의 내용을 이용합니다.

CHAPTER 8

8.1 쓰일 수 있습니다. 8.2절의 마지막 단락에 나와 있는 방법을 이용합니다.

8.2 여러 가지 형태로 답할 수 있는데, ax와 by가 같은 부호이고 $\frac{a}{b} = \frac{x}{y}$일 때가 한 답이 됩니다.

8.3 만들 수 있습니다. 반지름인 R인 원기둥에 적당히 잉크를 묻혀 한 바퀴 굴리면 길이가 $2\pi R$인 선분을 얻게 됩니다. 또, 사이클로이드의 그래프를 이용할 수도 있습니다.

8.4

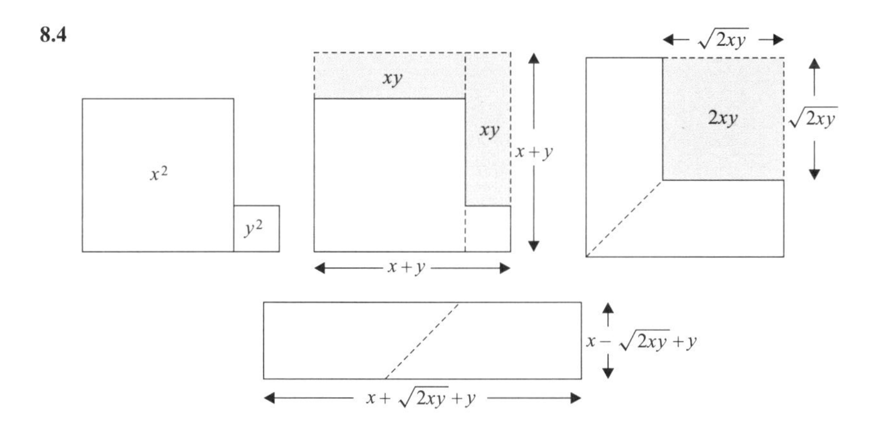

8.5 평행사변형의 넓이는 각각 $b\ \sin\alpha$와 $a\ \sin\beta$입니다.

8.6 $e + d + f = g + d + h$임을 보입니다.

8.7

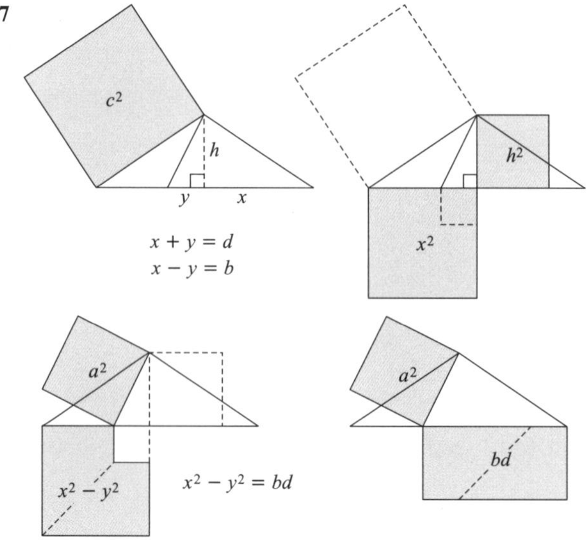

CHAPTER 9

9.1 방법은 여러 가지 있습니다. 예를 들어 위에 있는 직사각형의 둘레 p를 잰 다음, 둘레에 한 꼭짓점에서 시작해서 $\frac{p}{5}$에 해당되는 지점마다 표시를 합니다. 직사각형의 중심에서 각 지점까지의 선분을 기준으로 케이크를 자르면 됩니다.

9.2 이차원에서의 답으로는, 두 변이 $a + b$와 $(a + b)^2$인 직사각형을 나누면 됩니다. 삼차원에서의 답으로는, 한 변이 $a + b$인 정육면체를 나누면 됩니다.

9.3 평면에서 두 개의 서로 다른 원은 (기껏해야) 두 점에서 만납니다. 이 그림을 두 원의 중심을 지나는 직선을 회전축으로 공간에서 회전시키면 두 구가 만나는 부분이 원(두 교점이 회전되면서 만들어지는 부분)이 된다는 것을 시각화할 수 있습니다.

9.4 9.3절에 나와 있는 방법을 써 봅시다.

9.5 그림처럼 방을 펴면 거미와 파리 사이의 거리는 40피트가 되는데, 이것이 제일 짧은 거리입니다.

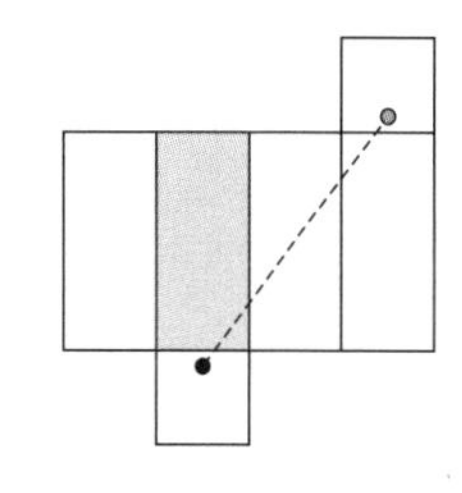

CHAPTER 10

10.1 작은 정사각형은 큰 정사각형 넓이의 $\frac{2}{5}\left(=\frac{4}{10}\right)$입니다.

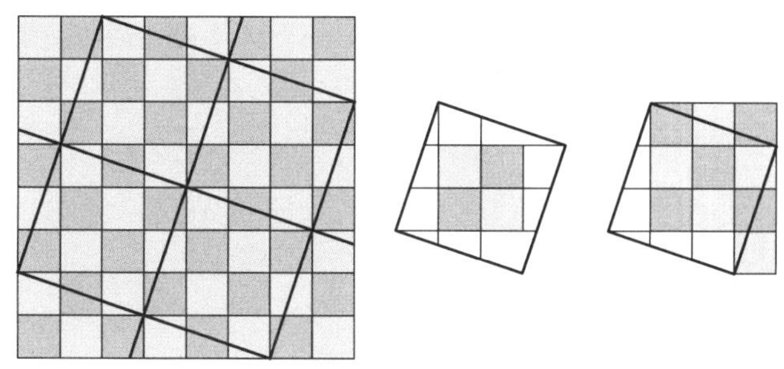

$\frac{k}{n}$인 지점을 연결하면 작은 정사각형의 넓이는 큰 정사각형 넓이의 $\frac{(n-k)^2}{k^2+n^2}$이 됩니다.

10.2

10.3

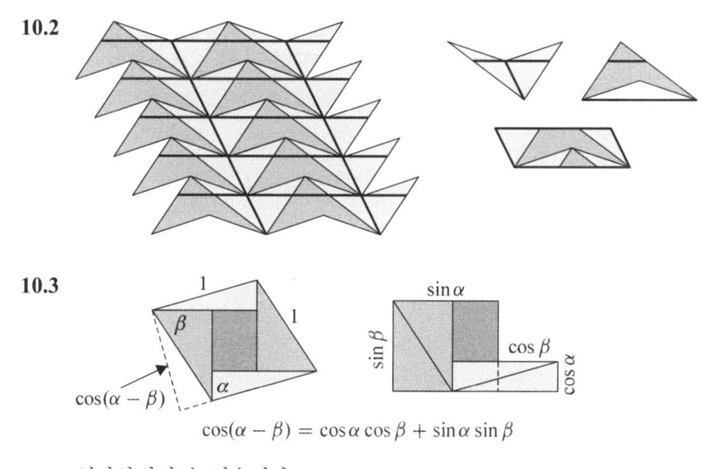

$$\cos(\alpha-\beta)=\cos\alpha\cos\beta+\sin\alpha\sin\beta$$

10.4 일반화시킬 수 있습니다.

10.5

10.6

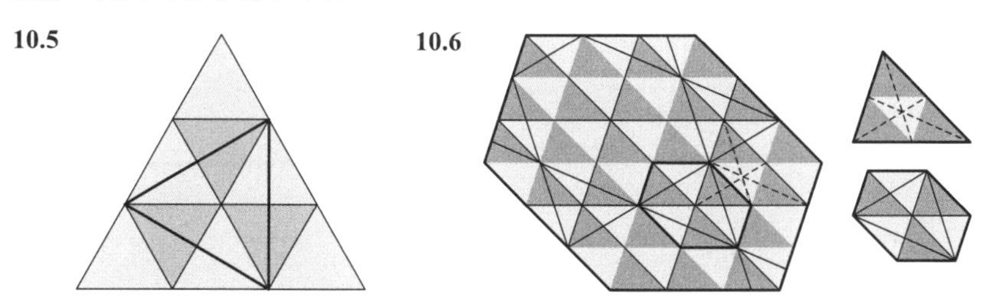

10.7 임의의 삼각형 세 변 위에 정삼각형을 각각 그리고 그 중점을 연결하면 또 다른 정삼각형이 만들어집니다.

CHAPTER 11

11.1 그림 6.1의 제일 오른쪽 그림처럼 회색 삼각형을 세 번 더 사용해서 정사각형을 만듭니다.

11.2

11.3 (높이를 $b-a$로 맞춘) 그림을 세 번 사용해서 한 변의 길이가 b인 정육면체의 한 귀퉁이에서 한 변의 길이가 a인 작은 정육면체가 떨어져 나간 그림을 만듭니다.

11.4 오른쪽 아래 있는 직각삼각형에서 α를 맞은편 (더 큰) 예각이라 하고,

$$\cos(\alpha-\beta)=\sin\left[\frac{\pi}{2}-(\alpha-\beta)\right]$$

를 이용합니다.

CHAPTER 12

12.1 회전시켜보면 회색 삼각형은 원래의 삼각형과 밑변과 높이가 같게 됩니다.

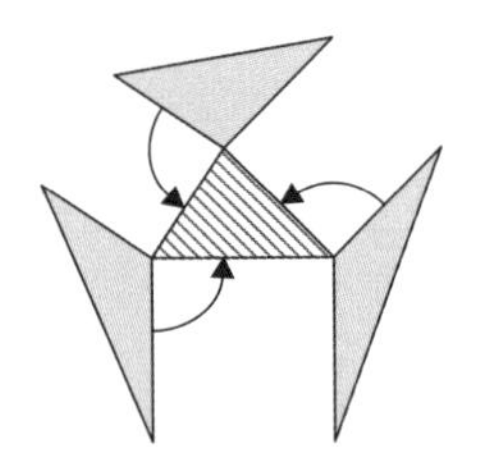

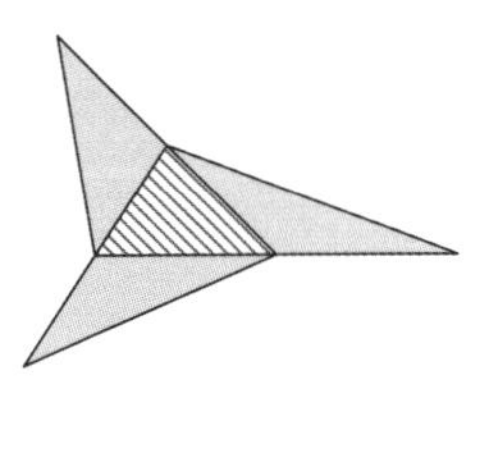

12.2 135° 입니다. QQ'의 길이는 $\sqrt{2}$이고, $\sqrt{2}$, $\sqrt{3}$, $\sqrt{5}$인 선분이 직각삼각형을 이루게 됩니다.

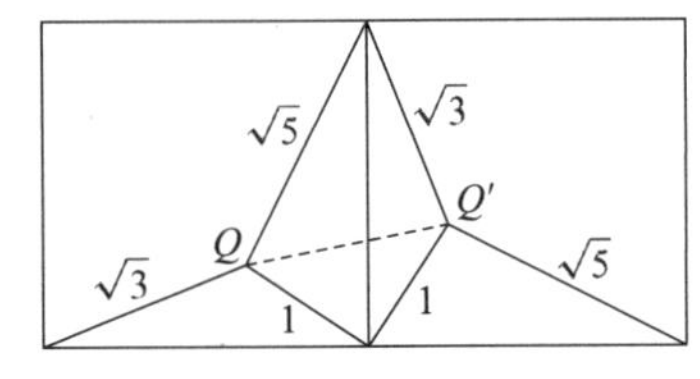

12.3 여러 가지 경우를 생각해 봅시다.

CHAPTER 13

13.1

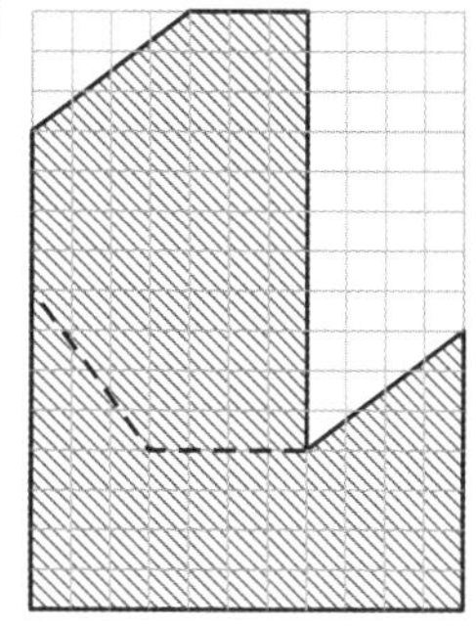

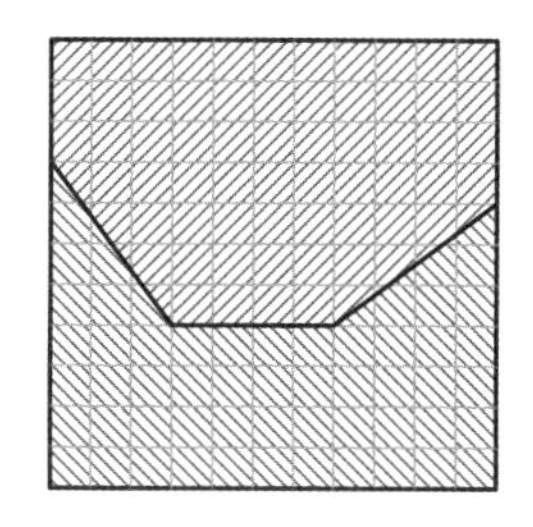

13.2 오목 오각형의 밑변과 높이를 모두 2라고 하면 넓이는 3이 됩니다. 그런데, 로이드의 "정사각형"의 두 변은 $\sqrt{3}$과 $\sqrt{3}$이 아니라 $\frac{12}{7}$와 $\frac{7}{4}$이 됩니다.

13.3

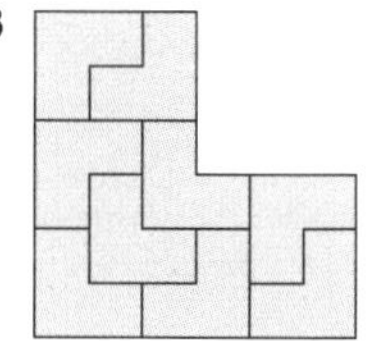

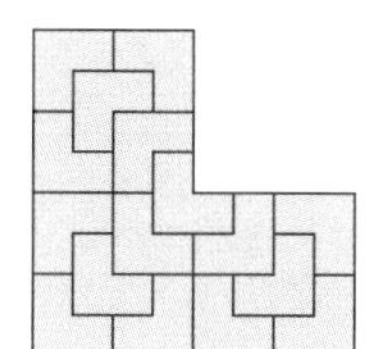

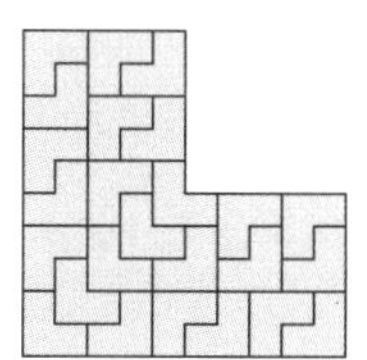

13.4

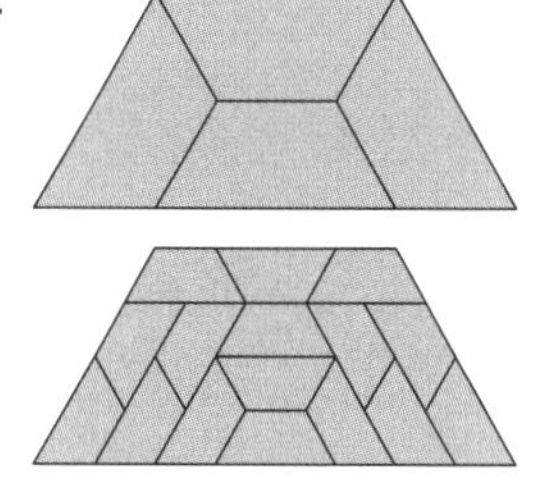

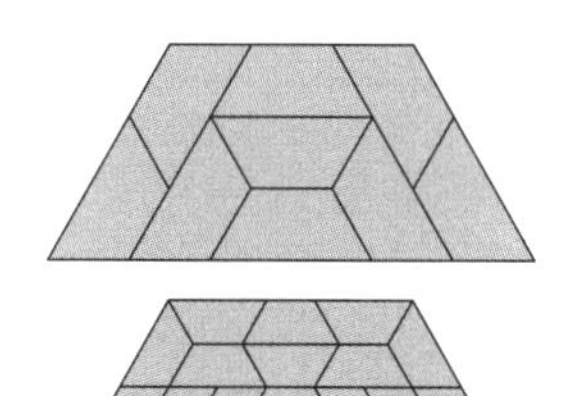

13.5 여러 가지 해답이 있을 수 있는데, 그 중 하나를 소개합니다.

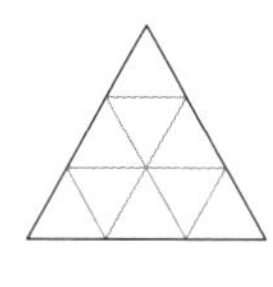

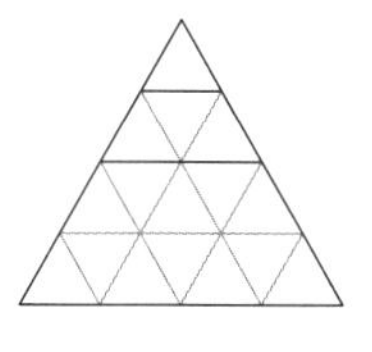

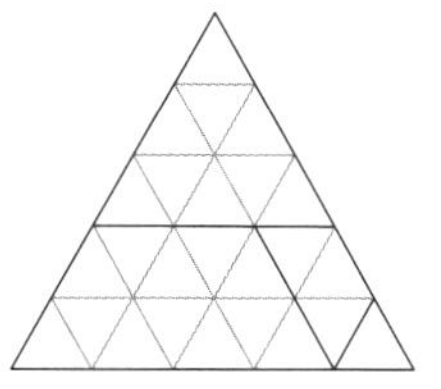

CHAPTER 14

14.1 a) 점 $(a, f(a))$에서 시작해서 $(f(a), f(a))$로 수평이동, $(f(a), f(f(a)))$로 수직이동, 이런 식으로 계속합니다.
b) 수열이 (2, 2)로 수렴합니다.

14.2 임의의 $a \geq 0$에 대해서 벡터 $(a, f(a))$를 따라 f의 그래프를 평행이동시킵니다. f가 준가법적이면 이 평행이동시킨 곡선은 항상 $y = f(x)$ 위에 놓이게 됩니다.

14.3 연속함수에 대해서 볼록이란 영역$\{(x, y)|y \geq f(x)\}$이 볼록이라는 뜻입니다. 즉, 그래프 위의 임의의 두 점을 연결하는 선분은 항상 그 두 점 사이의 함수의 그래프보다 위에 놓인다는 것입니다.

14.4 원점을 함수의 그래프 위에 두면서 좌표축을 이동시킵니다. $y = f(x)$의 그래프는 f가 증가함수일 경우 1, 3사분면에만 놓이게 되고, 감소함수일 경우에는 2, 4사분면에만 놓이게 됩니다.

CHAPTER 15

15.1 여러 가지 해답이 가능합니다. 여기서는 두 가지[Marby, 2001]를 소개합니다.

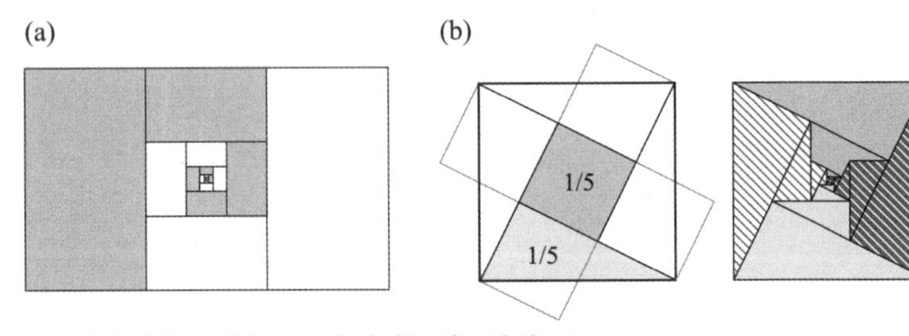

[(b)에서 왼쪽 그림은 10.2의 정리를 참조하세요.]

15.2 $\frac{1}{8} + \frac{1}{16} + \frac{1}{32} + \cdots = \frac{1}{4}$ 및 $\frac{2}{9} + \frac{2}{81} + \frac{2}{729} + \cdots = \frac{1}{4}$.

15.3 $1 + 2(1 + 3 + 3^2 + \cdots + 3^n) = 3^{n+1}$이 됩니다.

15.4 좌표평면에서 $[0, \phi] \times [0, 1]$인 직사각형과 직선 $y = \frac{x}{\phi}$를 그립니다. 컴퍼스의 중심을 $(\phi, 0)$에 맞춘 다음 $(1 + \phi, 0)$인 점을 표시하고 $1 + \phi = \phi^2$ 임을 이용합니다. 그런 다음, $(\phi^2, 0)$와 (ϕ^2, ϕ)를 잇는 수선을 그립니다. 컴퍼스의 중심을 $(\phi^2, 0)$에 맞춘 다음 $(\phi^2 + \phi, 0)$인 점을 표시하고, $\phi^2 + \phi = \phi(\phi + 1) = \phi^3$ 임을 이용합니다. 이런 식으로 계속합니다.

15.5 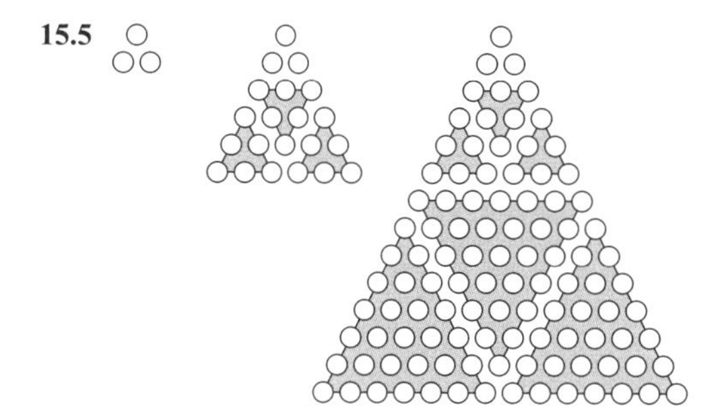

CHAPTER 16

16.1 a) 오른쪽 그림처럼 4×4판을 덮을 수 있기 때문에 할 수 있습니다.

b) 할 수 없습니다. 16.2절에서 그림 16.2(c)를 언급한 논리와 같습니다.

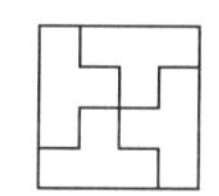

16.2 a) 각 그림에는 22개의 진한 회색과 21개의 연한 회색, 21개의 중간 회색인 정사각형이 있습니다. 일자 트로미노는 각 색깔의 정사각형을 하나씩 덮기 때문에 진한 회색 정사각형을 없애야 합니다. 따라서 없어지는 사각형이 아래 그림 (i)에 까맣게 칠한 넷 중 하나가 아니라면 체스판에 타일깔기를 할 수 없습니다. 만약 없어지는 사각형이 이 넷 중 하나라면 아래 그림 (ii)에 나온 대로 타일깔기를 할 수 있습니다(다른 방법으로도 가능합니다).

(i) 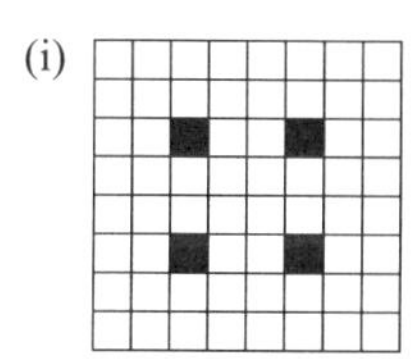

(ii) 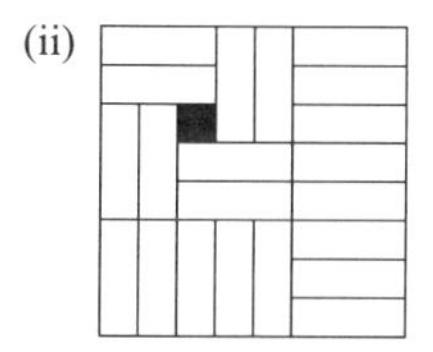

b) 4×4판과 5×5판을 먼저 생각해 봅시다. 그러고 나서, $n \times n$ 판과 $(n+3) \times (n+3)$판과의 관계를 찾아봅시다.

c) 판의 $\frac{3}{4}$을 아래 그림 (iii)처럼 타일깔기를 합니다. 그리고 나머지 $\frac{1}{4}$을 아래 그림 (iv) 중에 하나를 적절히 회전이동하거나 대칭이동시켜서 타일깔기를 합니다.

(iii) 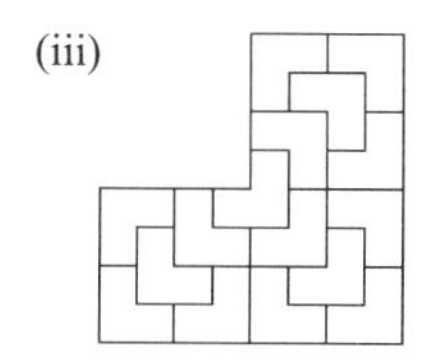

(iv) 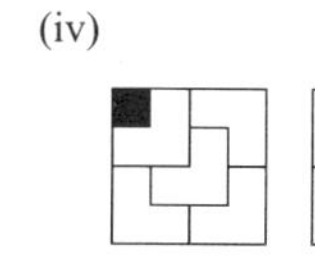 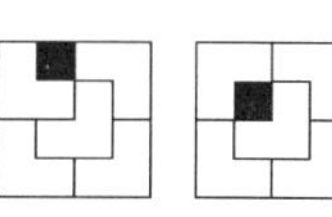

16.3 n개의 직선이 있다고 가정하고 n에 대한 귀납법을 사용합니다. $n = 1$이면 분명히 2색으로 충분합니다. n개의 직선으로 나눠진 평면의 영역을 구분하는 데에 2색으로 충분하다고 하면, 한 직선을 추가할 때 이 직선의 한쪽 편에 있는 모든 영역의 색깔을 바꾸면 됩니다.

16.4 2색이면 됩니다. 위의 문제와 마찬가지로 귀납법을 사용합니다.

16.5 $R(m, n)$이 $m \times n$ 체스판을 나타낸다고 합시다. $R(m, n)$이 L-테트로미노로 타일깔기를 할 수 있는 필요충분조건은 $m, n > 1$ 이고 mn이 8의 배수일 때임을 증명하도록 하겠습니다. $R(m, n)$이 L-테트로미노로 타일깔기를 할 수 있다고 가정하면 $m, n > 1$ 이고 mn은 4의 배수가 됩니다. 즉, m과 n 중에서 적어도 하나는 짝수여야 합니다. n이 짝수라고 가정하고 $R(m, n)$의 n개 열에 흑백을 교대로 칠했다고 하겠습니다. 검은 정사각형 3개와 흰 정사각형 1개를 덮는 L-테트로미노의 개수를 x라 하고, 흰 정사각형 3개와 검은 정사각형 1개를 덮는 L-테트로미노의 개수를 y라 하면, $x + y = \frac{mn}{4}$이고 $3x + y = x + 3y$ 이므로 $x = y$이고 $2x = \frac{mn}{4}$가 됩니다. 따라서 mn은 8의 배수가 됩니다. 두 개의 L-테트로미노는 2×4 직사각형을 덮고, 여섯 개의 L-테트로미노는 8×3 직사각형을 덮기 때문에 역을 증명하는 것은 쉽습니다.

CHAPTER 17

17.1 두 삼각형의 합집합은 넓이가 1인 정사각형을 포함합니다.

17.2 삼각형 OPA가 부채꼴 OPA에 포함되기 때문에 넓이에 대해 부등식

$$\frac{1 \cdot \sin x}{2} \le \frac{\pi \cdot 1^2 \cdot x}{2\pi}, \text{ 즉 } \sin x \le x$$

가 성립합니다. 또한, 영역 PMA가 부채꼴 PMB에 포함되기 때문에 호 PA의 길이는 호 PB의 길이보다 짧습니다. 따라서 $x \le \frac{\pi \sin x}{2}$, 즉 $\frac{2x}{\pi} \le \sin x$가 성립합니다.

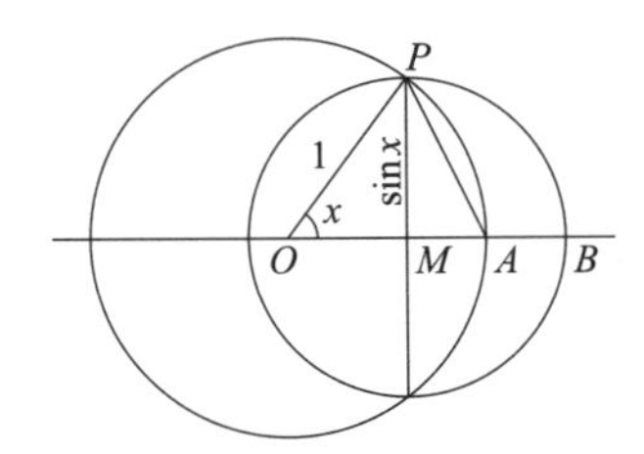

17.3 (a) 그림 17.2에 있는 부등식에 제곱근을 사용합니다.

17.4 처음 부등식의 a, b를 $|a|, |b|$로 바꾼 뒤 $|a| + |b| \ge a + b$가 됨을 이용합니다. n개의 변수로 되어 있는 부등식도 비슷한 방법을 씁니다.

17.5

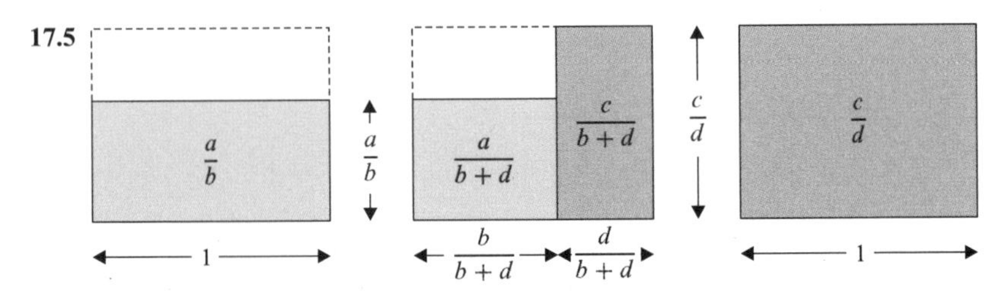

CHAPTER 18

18.1 문제에 나온 방법대로 뫼비우스의 띠를 자르면 더 복잡한 띠가 됩니다. (꼬임이 더 많거나 매듭이 있거나 "일련"의 고리가 생기는 등.)

18.2 A는 B 넓이의 반 이상을 덮고 있습니다. A와 B에 공통인 귀퉁이와 B의 제일 오른쪽 귀퉁이, A의 제일 왼쪽 귀퉁이를 꼭짓점으로 하는 삼각형의 넓이를 생각해 봅시다.

18.3 한 원기둥의 부피는 $\pi\left(\frac{a}{2\pi}\right)^2 b$이고, 나머지 하나의 부피는 $\pi\left(\frac{b}{2\pi}\right)^2 a$입니다. 따라서 부피의 비는 변의 비와 같습니다.

18.4 Ed Pegg, Jr.[Pegg, 2004]가 고안한 해답입니다.

CHAPTER 19

19.1 35개의 헥소미노가 있으며 그 중 11개를 접으면 정육면체가 됩니다.

19.2 두 가지뿐입니다. 1, 2, 3이 적힌 면이 만나는 꼭짓점이 하나 있어야 되는데, 여기서 이들 숫자를 시계방향이나 반시계방향으로 배열하면 됩니다.

19.3 각뿔, 쌍뿔, 각기둥 … 등을 생각해 보면 됩니다. (몇 개의 면은 빈칸으로 남겨도 됩니다.)

19.4 어떤 꼭짓점에서는 세 면이 만나고 어떤 데에서는 네 면이 만나기 때문에 주사위로 추천할 만하지 않습니다!

19.5 정육면체: 정삼각형, 정사각형, 정육각형. 정사면체: 정삼각형, 정사각형. 정팔면체: 정사각형, 정육각형.

19.6 상당히 많은 곡선이 정답이 됩니다. 그 중 가장 놀랄 만한 것은 (∞모양 같은) 수족곡선(*lemniscate*)입니다. 어떻게 자르면 될까요?

19.7 $\frac{\sqrt{3}}{2}$

19.8 정사각형 밑면에 두 개의 정삼각뿔을 붙여서 만든 입체이기 때문에 평면의 한쪽 편 공간이 정삼각뿔로 채워진다는 것을 먼저 보입니다.

CHAPTER 20

20.1 성립합니다. 벡터를 이용한 증명은 [Kandall, 2002]를 보기 바랍니다.

20.2 성립합니다. 사실, 사각형의 네 꼭짓점이 공간의 한 직선 위에만 있지 않으면 됩니다.

20.3

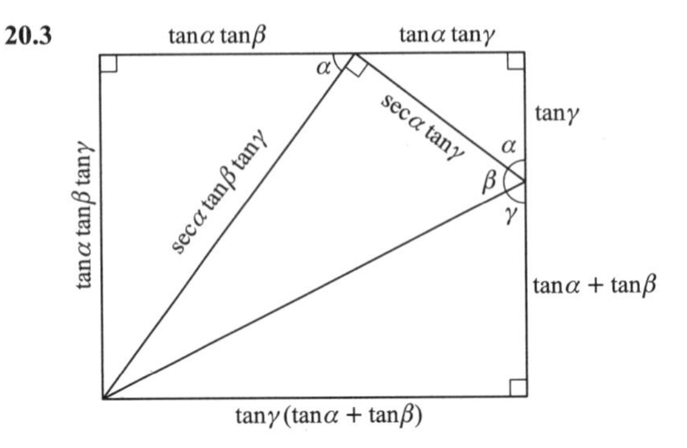

20.4 중심이 O인 단위원과 직선 $ax+by=0$, 점 $P=(\cos t, \sin t)$ (따라서 $\overline{OP}=1$이 됩니다)를 그립니다. 주어진 직선으로 P를 정사영한 점을 Q라 합시다.

$$\overline{PQ} \le 1\text{이므로 } \frac{|a\cos t + b\sin t|}{\sqrt{a^2+b^2}} \le 1$$

가 성립하기 때문에 $-\sqrt{a^2+b^2} \le |a\cos t + b\sin t| \le \sqrt{a^2+b^2}$ 이 됩니다 [Bayat et al. 2004].

20.5 삼각형 ABC에 세 중선을 그립니다. ABC를 또 하나 만들어서 AB를 한 대각선으로 하는 평행사변형을 그립니다. 여기에 한 변의 길이가 정확히 세 중선 길이의 $\frac{2}{3}$가 되는 삼각형을 그릴 수 있습니다. 그 과정을 거꾸로 하면 주어진 세 중선의 길이로 삼각형 ABC를 그릴 수 있습니다.

20.6 변 $BC=a$ 위에 지름이 a인 반원을 그립니다. (h_b가 b에 수직이므로) 수선 h_b의 발이 이 반원 위에 놓일 것이기 때문에 수선 h_b의 발을 찾고 C에서 이 수선의 발을 지나는 직선을 그립니다. 그러면, A는 이 직선과 BC의 평행하고 거리가 h_a인 직선과의 교점이 됩니다.

20.7 이 경우 부채꼴의 모양이 최소한 반원이 됩니다.

20.8 합동이 아닐 수도 있습니다.

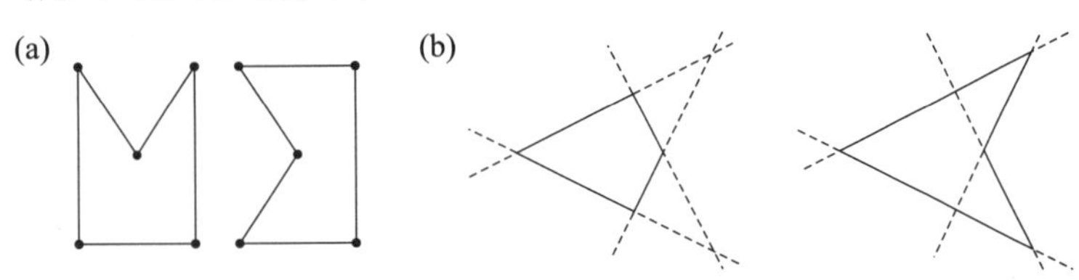

20.9 행운을 빕니다!

참고문헌

S. A. Ajose, "Geometric series," *Mathematics Magazine*, vol. 67, no. 3 (June 1994), p. 230.

C. Alsina, "Neither a microscope nor a telescope, just a mathscope," in P. Galbraith et al. eds., *Mathematical Modelling: Teaching and Assessment in a Technology-Rich World*, Ellis Horwood, Chichester, 1998, pp. 3–10.

——, *Sorpresas Geométricas*, OMA, Buenos Aires, 2000a.

——, "The arithmetic mean-geometric mean inequality for three positive numbers," *Mathematics Magazine*, vol. 73, no. 2 (April 2000b), p. 97.

——, "Too much is not enough. Teaching maths through useful applications with local and global perspectives," *Educational Studies in Mathematics* 50, 2002, pp. 239–250.

——, "Cauchy-Schwarz inequality," *Mathematics Magazine*, vol. 77, no. 1 (February 2004), p. 30.

——, "Less chalk, less words, less symbols . . . more objects, more context, more actions" in *ICMI Study 14: Applications and Modelling in Mathematics Education*. H.W. Henn and W. Blum eds., Springer, Berlin, 2006 (to appear).

——, "Mathematical proofs in the classroom: The role of images and hands-on materials," in *Mathematikunterricht im Spannungsfeld von Evolution und Evaluation—Festschrift für Werner Blum*, W. Henn and G. Kaiser, eds., Franzbecker, Hildesheim (2005) pp 129–138.

C. Alsina, C. Burgués, J.M. Fortuny, J. Giménez, J. and M. Torra, *Enseñar Matemáticas*, Editorial Graó, Barcelona 1996.

C. Alsina, and A. Monreal, "Proof without words: $(a+b)^3 = a^3 + 3a^2b + 3ab^2 + b^3$," *Teaching Mathematics and Computer Science* 1/1 (2003), p. 157.

——, "Proof without words: Beyond the parallelogram law," *Teaching Mathematics and Computer Science* 1/1 (2003) pp. 155–156.

Annairizi of Arabia, <http://tug.org/applications/PSTricks/Tilings>.

R. Arhneim, *Art and Visual Perception: A Psychology of the Creative Eye*, Faber and Faber, London, 1956.

——, *Visual Thinking*, Faber and Faber, London, 1970.

M. Bayat, M. Hassani, and H. Teimoori, "Proof without words: Extrema of the function $a\cos t + b\sin t$," *Mathematics Magazine*, vol. 77, no. 4 (October 2004), p. 259.

P. Beckmann, *A History of π*, St. Martin's Press, New York, 1971.

A. G. Bell, "The tetrahedral principle in kite structure," *National Geographic Magazine* 44 (1903) pp. 219–251.

M. Bicknell and V. E. Hoggatt Jr., eds., *A Primer for the Fibonacci Numbers*, The Fibonacci Association, San Jose, 1972.

M. Biermann, and W. Blum, "Realitäsbezogenes Beweisen-Der 'Schorle-Beweis' und andere Beispiele," *Mathematik Lehren* (110), 2002, pp. 19–22.

I. C. Bivens and B. G. Klein, "Geometric Series," *Mathematics Magazine*, vol. 61, no. 4 (October 1988), p. 219.

W. Blum and A. Kirsch, "Preformal proving: Examples and reflections," *Educational Studies in Mathematics*, 22 (2), 1991, pp. 183–203.

——, "Die beiden Hauptsätze der Differential- und Integralrechnung," *Mathematik Lehren* (78), 1996, pp. 60–65.

A. Bogomolny, Interactive Mathematics Miscellany and Puzzles, <http://www.cut-the-knot.org/content.shtml>, 1996.

B. Bolt, *Mathematics Meets Technology*, Cambridge, University Press, Cambridge, 1991.

M. Bosch, *La dimensión ostensiva en la actividad matemática. El caso de la proporcionalidad.* Tesis, Univ. Autonoma Barcelona, 1994.

C. B. Boyer, *A History of Mathematics*, John Wiley & Sons, New York, 1968.

A. Brousseau, "Sums of squares of Fibonacci numbers," in *A Primer for the Fibonacci Numbers*, M. Bicknell and V. E. Hoggatt Jr., eds. (1972), p. 147.

J. R. Brown, *Philosophy of Mathematics, An Introduction to the World of Proofs and Pictures*, Routledge, New York, 1999.

F. Burk, "The Pythagorean theorem," *College Mathematics Journal*, vol. 27, no. 5 (November 1996), p. 409.

B. Casselman, "Pictures and proofs," *Notices AMS*, November 2000, pp. 1257–1266.

J. H. Conway and R. Guy, *The Book of Numbers*, Copernicus, New York, 1996.

T. A. Cook, *The Curves of Life: Being an Account of Spiral Formations and their Applications to Growth in Nature, to Science, and to Art*, Dover Publications, New York, 1979.

H. S. M. Coxeter, *Introduction to Geometry*, Wiley, New York, 1969.

H. S. M. Coxeter and S.L. Greitzer, *Geometry Revisited*, MAA, Washington, 1967.

P. R. Cromwell, *Polyhedra*, Cambridge Univ. Press, Cambridge, 1999.

A. Cupillari, "Sums of cubes," *Mathematics Magazine*, vol. 62, no. 3 (October 1989), p. 259.

A. Cusmariu, "A proof of the arithmetic mean-geometric mean inequality," *The American Mathematical Monthly*, Vol. 88, No. 3. (March 1981), pp. 192–194.

P. J. Davis, "Visual theorems," *Educational Studies in Mathematics*, 24 (1993), pp. 333–344.

P. J. Davis and R. Hersh, *The Mathematical Experience*, Birkhäuser, Boston, 1981.

M. de Guzmán, *Para pensar major*. Ed. Labor, Barcelona, 1991.

——, *El rincón de la pizarra. Ensayos de visualización en Análisis Matemático*, Pirámide, Madrid, 1996.

M. De Villiers, "The role and function of proof in mathematics," *Pythagoras* 24, 1990, pp. 17–24.

——, *Rethinking Proof with Geometer's Sketchpad*. Key Curriculum Press, San Francisco, 1999.

——, "The value of experimentation in mathematics." *Proceedings 96th Nat. Cong. AMESA*, Cape Town, 2003, pp. 174–185.

——, "Developing understanding for different roles of proof in dynamic geometry," <http://mzone.mweb.co.za/residents/profmd/homepage. html>.

J. B. Dence and T. P. Dence, "A property of quadrilaterals," *College Mathematics Journal*, vol. 32, no. 4 (September 2001), pp. 291–294.

T. Dreyfus, "Imagery and reasoning in mathematics and mathematics education," *ICME-7* (1992) *Selected Lectures*, Les Presses Univ. Laval, Québec (1994), pp. 107–123.

R. H. Eddy, "A theorem about right triangles," *College Mathematics Journal*, vol. 22, no. 5 (November 1991), p. 420.

——, "Proof without words," *Mathematics Magazine*, vol. 65, no. 5 (December 1992), p. 356.

C. C. Edwards and P. S. Sonsgiry, "The distributive property of the triple scalar product," *Mathematics Magazine*, vol. 70, no. 2 (April 1997), p. 118.

J. Estalella, *Ciencia Recreativa*, Gustavo Gili, Barcelona, 1920.

H. Eves, *An Introduction to the History of Mathematics*, Holt, Rinehart, Winston, New York, 1976.

——, *Great Moments in Mathematics (before 1650)*, MAA, Washington, 1980.

S. J. Farlow, "Sums of integers," *College Mathematics Journal*, vol. 26, no. 3 (May 1995), p. 190.

J. Fauvel and J. van Maanen, eds., *History in Mathematics Education*. The ICMI Study, Kluwer Acad. Pub., Dordrecht, 2000.

A. Flores, "Tiling with squares and parallelograms," *College Mathematics Journal*, vol. 28, no. 3 (May 1997), p. 171.

G. N. Frederickson, *Dissections: Plane & Fancy*, Cambridge University Press, New York, 1997.

——, *Hinged Dissections: Swinging & Twisting*, Cambridge University Press, New York, 2002.

C. D. Gallant, "Proof without words: A truly geometric inequality," *Mathematics Magazine*, vol. 50, no. 2 (March 1977), p. 98.

——, "Proof without words: Comparing B^A and B^A for $0 < A < B$," *Mathematics Magazine*, vol. 64, no.1, (February 1991), p. 31.

G. Gamow, *One, Two, Three ... Infinity*, Bantam Books, New York, 1961.

M. Gardner, *More Mathematical Puzzles and Diversions*, Penguin Books, Harmondsworth, U. K., 1961.

——, "Mathematical games," *Scientific American*, vol. 229, no. 4 (October 1973), p. 115.

Y. D. Gau, "Area of the parallelogram determined by vectors (a, b) and (c, d)," *Mathematics Magazine*, vol. 64, no. 5 (December 1991), p. 339.

G. Gheverghese Joseph, *La Cresta del Pavo Real. Las Matemáticas y sus raíces no europeas*. Pirámide, Madrid, 1996.

R. A. Gibbs, "The mediant property," *Mathematics Magazine*, vol. 63, no. 3 (June 1990), p. 172.

R. J. Gillings, *Mathematics in the Time of the Pharaohs*, The MIT Press, Cambridge, 1972.

J. Giménez, *100 imágenes ¡ 1000 problemas, pero ayudan a resolverlos*. Apuntes XXVI J.R.P.-OMA, Buenos Aires, 2001.

S. W. Golomb, "Tiling with trominoes," *American Mathematical Monthly*, vol. 81, no. 10 (December 1959), pp. 675–682.

——, "A geometric proof of a famous identity," *Mathematical Gazette*, vol. 49, no. 368 (May 1965), p. 199.

B. Grünbaum and G. C. Shephard, *Tilings and Patterns*, W. H. Freeman, San Francisco, 1986.

B. H. Gundlach, *Historical Topics for the Mathematics Classroom*, National Council of Teachers of Mathematics Inc., 1965.

J. Hadamard, *The Psychology of Invention in the Mathematical Field*, Dover, New York, 1954.

G. Hanna, "Some pedagogical aspects of proof," *Interchange* 21(1) (1990), pp. 6–13.

G. Hanna and H. N. Jahnke, "Proof and proving," in: *International Handbook of Mathematics Education*, A. J. Bishop et al. eds., Kluwer, Dordrecht, 1996, pp. 877–908.

——, "Arguments from physics in mathematical proofs: An educational perspective," *for the learning of mathematics*, 22(3) (2002), pp. 38–45.

——, "Proving and modelling," in *ICMI Study 14: Applications and Modelling in Mathematics Education*, H. W. Henn and W. Blum, eds. 2004, pp. 109–114.

D. W. Henderson, *Experiencing Geometry: On Plane and Sphere*, Prentice Hall, Upper Saddle River, NJ, 1996.

V. F. Hendricks, K. F. Jorgensen, P. Mancosu, and S. A. Pedersen, eds., *Visualization, Explanation and Reasoning Styles in Mathematics*, Kluwer, Dordrecht, 2003.

H. W. Henn and W. Blum, eds., *ICMI Study 14: Applications and Modelling in Mathematics Education*, Pre-conference Volume, Univ. Dortmund, 2004.

R. Hersh, "Proving is convincing and explaining," *Educational Studies in Mathematics*, 24(4) (1993), pp. 389–399.

R. Honsberger, *Mathematical Gems III*, MAA, Washington, 1985.

J. Horgan, "The death of proof," *Scientific American*, 269(4) (1993), pp. 92–103.

G. Howson, "Mathematics and common sense," *8th ICME—Selected Lectures*, Saem-Thales, Seville, 1998, pp. 257–269.

W. Johnston and J. Kennedy, "Heptasection of a triangle," *The Mathematics Teacher*, vol. 86, no. 3 (March 1993), p. 192.

D. Kalman, "Sums of squares," *College Mathematics Journal*, vol. 22, no. 2 (March 1991), p. 124.

G. A. Kandall, "Euler's theorem for generalized quadrilaterals," *College Mathematics Journal*, vol. 33, no. 5 (November 2002), pp. 403–404.

K. Kawasaki, "Proof without words: Viviani's theorem," *Mathematics Magazine*, vol. 78, no. 3 (June 2005), p. 213.

S. J. Kung, "The volume of a frustum of a square pyramid," *College Mathematics Journal*, vol. 27, no. 1 (January 1996), p. 32.

I. Lakatos, *Proofs and Refutations*, Cambridge Univ. Press, Cambridge, 1976.

J. E. Littlewood, *A Mathematician's Miscellany*, Methuen, London, 1953.

D. Logothetti, "Alternating sums of squares," *Mathematics Magazine*, vol. 60, no. 5 (December 1987), p. 291.

E. S. Loomis, *The Pythagorean Proposition*, National Council of Teachers of Mathematics, Inc., 1969.

W. Lushbaugh, "Sums of cubes," *Mathematical Gazette*, vol. 49, no. 368 (May, 1965), p. 200.

R. Mabry, "Proof without words," *Mathematics Magazine*, vol. 72, no. 1 (February 1999), p. 63.

——, "Mathematics without words," *College Mathematics Journal*, vol. 32, no. 1 (January 2001), p. 19.

J. Malkevitch, ed., *Geometry's Future*, COMAP, Lexington, 1991.

Yu. Manin, "Truth, rigour, and common sense" in *Truth in Mathematics*, H. G. Dales & G. Oliveri (eds.), Oxford Univ. Press, Oxford, 1998, pp. 147–159.

G. E. Martin, *Polyominoes. A Guide to Puzzles and Problems in Tiling*, MAA, Washington, 1991.

J. H. Mason, *Mathematics Teaching Practice. A Guide for University and College Lectures*, Horwood Pub. Chichester, 2004.

K. Menger, *Calculus: A Modern Approach*, Ginn and Company, 1952.

F. Nakhli, "The vertex angles of a star sum to 180°," *College Mathematics Journal*, vol. 17, no. 4 (September 1986) p. 338.

NCTM, *Principles and Standards for School Mathematics*, National Council of Teachers of Mathematics Inc., 2000.

R. B. Nelsen, "The harmonic mean-geometric mean-arithmetic mean-root mean square inequality," *Mathematics Magazine*, vol. 60, no. 3 (June 1987) p. 158.

——, "Sums of cubes," *Mathematics Magazine*, vol. 63, no. 3 (June 1990) p. 178.

——, *Proofs without Words: Exercises in Visual Thinking*, MAA, Washington, 1993.(In Spanish: Proyecto Sur, Granada, 2001).

——, "The sum of a positive number and its reciprocal is at least two (four proofs)," *Mathematics Magazine*, vol. 67, no. 5 (December 1994), p. 374.

——, "Volume of a frustum of a square pyramid," *Mathematics Magazine*, vol. 68, no. 2 (April 1995), p. 109.

——, "The sum of the squares of consecutive triangular numbers is triangular," *Mathematics Magazine*, vol. 70, no. 2 (April 1997), p. 130.

——, "One figure, six identities," *College Mathematics Journal*, vol. 30, no. 5 (Nov. 1999), p. 433; vol. 31, no. 2 (March 2000a), pp. 145–146.

——, *Proofs without Words II: More Exercises in Visual Thinking*, MAA, Washington, 2000b.

——, "Heron's formula via proofs without words," *College Mathematics Journal*, vol. 34, no. 4 (September 2001), pp. 290–292.

——, "Paintings, plane tilings, & proofs," *Math Horizons*, MAA (November 2003), pp. 5–8.

——, "Proof without words: Four squares with constant area," *Mathematics Magazine*, vol. 77, n. 2 (April 2004), p. 135.

W. Page, "Geometric sums," *Mathematics Magazine*, vol. 54, no. 4 (September. 1981), p. 201.

E. Pegg Jr., 2004, <www.mathpuzzle.com>.

G. Pólya, *Mathematics and Plausible Reasoning: Induction and Analogy in Mathematics*. Vol. I, Princeton University Press, Princeton, 1954.

——, *Mathematical Discovery: On Understanding, Learning and Teaching Problem Solving* (2 vols., combined ed.) John Wiley & Sons, New York, 1981.

V. V. Prasolov, *Essays on Numbers and Figures*, American Mathematical Society, 2000.

V. Priebe and E. A. Ramos, "Proof without words: The sine of a sum," *Mathematics Magazine*, vol. 73, no. 5 (December 2000), p. 392.

J. Rabinow, *Inventing for Fun and Profit*, San Francisco Press, 1990.

Y. Rav, "Why do we prove theorems?" *Philosophia Mathematica*, 7(3) (1999), pp. 5–41.

J. W. S. Rayleigh, *Scientific Papers*, Dover Publications, New York, 1964.

P. R. Richard, *Raisonnenent et stratégies de preuve dans l'enseignement des mathématique*, Peter Long, Berne, 2004.

I. Richards, "Sums of integers," *Mathematics Magazine*, vol. 57, no.2 (March 1984), p. 104.

W. Romaine, "Proof without words: $(\tan\theta + 1)^2 + (\cot\theta + 1)^2 = (\sec\theta + \csc\theta)^2$," *Mathematics Magazine*, vol. 61, no. 2 (April 1988), p. 113.

J. Rotman, *Journey into Mathematics: An Introduction to Proofs*. Prentice Hall, New York, 1998.

T. A. Romberg and J. de Lange, eds., *Mathematics in Context*, EBEC, Chicago, 1997.

G. C. Rota, "The phenomenology of mathematical proof," *Synthese*, 3(2) (1997), pp. 183–197.

N. Sanford, "Dividing a frosted cake," *Mathematics Magazine*, vol. 75, no. 4 (October 2002), p. 283.

L. Santaló, *La geometría en la formación de profesores*, OMA, Buenos Aires, 1993.

D. Schattschneider, "Proof without words: The arithmetic mean-geometric mean inequality," *Mathematics Magazine*, vol. 59, no. 1 (February 1986), p. 11.

G. Schrage, "Sums of integers and sums of cubes," *Mathematics Magazine*, vol. 65, no. 3 (June 1992), p. 185.

B. Schweizer, A. Sklar, K. Sigmund, P. Gruber, E. Hlawka, L. Reich, and L. Schmetterer, eds., *Karl Menger Selecta Mathematica* Volume 2, Springer, Vienna, 2003.

M. Senechal, "Visualization and visual thinking," in: *Geometry's Future*, J. Malkevitch, ed., (1991), pp 15–22.

M. Senechal and G. Fleck, *Shaping Space: A Polyheral Approach*, Design Science Collection, Birkhäuser, Boston, 1988.

D. B. Sher, "Sums of powers of three," *Mathematics and Computer Education*, vol. 31, no. 2 (Spring 1997), p. 190.

S. J. Shin, *The Logical Status of Diagrams*, Cambridge, UP, Cambridge, 1994.

A. Sierpinska, *Understanding in Mathematics*. Falmer, London, 1994.

M. K. Siu, " Sums of squares," *Mathematics Magazine*, vol. 57, no. 2 (March 1984), p. 92.

L. A. Steen, *For All Practical Purposes*, COMAP, Lexington. W. H. Freeman Co. New York, 1994.

S. K. Stein, "Existence out of chaos," in R. Honsberger, *Mathematical Plums*, 62–93, MAA, Washington, 1979.

H. Steinhaus, *Mathematical Snapshots*, G. E. Steichert & Co. New York, 1938.

P. D. Straffin, "Liu Hui and the first golden age of Chinese mathematics," *Mathematics Magazine*, vol. 71, no. 3 (June 1998) p. 170.

J. Tanton, *Solve This: Math Activities for Students and Clubs*, MAA, Washington, 2001a.

——, "Equilateral triangle," *Mathematics Magazine*, vol. 74, no. 4, (October 2001b), p. 313.

The Mathematics Initiative (EDC), "Cramer's rule," *College Mathematics Journal*, vol. 28, no. 2 (March 1997), p. 118.

J. van de Craats, "A golden section problem from the *Monthly*," *American Mathematical Monthly*, vol. 93, no. 7 (August-September 1986), p. 572.

E. Veloso, *Geometría*, APM, Lisboa, 2000.

J. H. Webb, "Geometric series," *Mathematics Magazine*, vol. 60, no. 3 (June 1987), p. 177.

E. Wittmann, "Operative proofs in primary mathematics," in: *Proofs and Proving: Why, When and How?* Proceedings of TG 8 at ICME-8 Sevilla, M. de Villiers, ed. Centrahil AMESA, 1996, pp. 15–22.

S. Wolf, "Viviani's theorem," *Mathematics Magazine*, vol. 62, no. 3 (June 1989), p. 190.

K. Y. Wong, *Using Multi-Modal Think-Board to Teach Mathematics*, TSG14/ ICME10, Copenhagen, 2004.

F. Yuefeng, “Jordan’s inequality,” *Mathematics Magazine*, vol. 69, no. 2 (April 1996), p. 126.

ZDM, *Analyses: Visualization in Mathematics and Didactics of Mathematics*, ZDM, Karlsruhe, 1994.

W. Zimmermann and S. Cunningham eds., *Visualization in Teaching and Learning Mathematics*, Notes 19, MAA, 1991.

찾아보기